高职高专项目式实践类系列教材

金工基础训练

主编　淡乾川　马廷洪

参编　高则柱　李俊健　程　诚

金　江　陈佰江　王　勇

主审　杨　川

西安电子科技大学出版社

内 容 简 介

本书根据高职教育特点，结合作者多年的实训教学和实践开发经验，立足加强实践与应用能力培养的原则编写而成。本书力求在实训项目、内容、体系和方法上有所创新，注重教学、训练以及“1+X”职业资格考试理论与技能知识统筹覆盖，实现了由以知识体系为中心向以能力目标为中心的转变。

全书共分五个实训项目，基本涵盖了金工基础的基本知识与技能训练，采用项目式教学，任务目标、知识链接、技能训练、实训考核均参照车工、钳工、焊工职业资格鉴定要求编写。实训项目包括金工基础知识、钳工工艺与技能、普通车床车削工艺与技能、焊接工艺与技能、磨削加工。

本书可作为高职院校、高等专科院校、成人教育高校机械类及非机械类工科专业的实训教材，也可作为机械加工企业员工的培训教材和参考书。

图书在版编目(CIP)数据

金工基础训练 / 淡乾川，马廷洪主编. — 西安：西安电子科技大学出版社，2020.7

ISBN 978-7-5606-5723-3

Ⅰ. ① 金… Ⅱ. ① 淡… ② 马… Ⅲ. ① 金属加工—实习—高等职业教育—教材

Ⅳ. ① TG-45

中国版本图书馆 CIP 数据核字(2020)第 096950 号

策划编辑 万晶晶

责任编辑 权列秀 万晶晶

出版发行 西安电子科技大学出版社(西安市太白南路 2 号)

电　　话 (029)88242885 88201467 邮　　编 710071

网　　址 www.xduph.com 电子邮箱 xdupfxb001@163.com

经　　销 新华书店

印刷单位 陕西天意印务有限责任公司

版　　次 2020 年 7 月第 1 版 2020 年 7 月第 1 次印刷

开　　本 787 毫米 × 1092 毫米 1/16 印 张 9.25

字　　数 210 千字

印　　数 1～2000 册

定　　价 22.00 元

ISBN 978-7-5606-5723-3 / TG

XDUP 6025001-1

序

“高职高专项目式实践类系列教材”是在贯彻落实《国家职业教育改革实施方案》(简称“职教20条”)文件精神，推动职业教育大改革、大发展的背景下，结合职业教育“以能力为本位”的指导思想，以服务建设现代化经济体系为目标而组织编写的。在新经济、新业态、新模式、新产业迅猛发展的高要求下，本系列教材以现代学徒制教学为导向，以“1+X”证书结合为抓手，对接企业、行业岗位要求，围绕“素质为先、能力为本”的培养目标构建教材内容体系，实现“以知识体系为中心”到“以能力达标为中心”的转变，开展人才培养的实践教学。

本系列教材编审委员会于2019年6月在重庆召开了教材编写工作会议，确定了此系列教材的名称、大纲体例、主编及参编人员(含企业、行业专家)等主要事项，决定由重庆科创职业学院为组织方，聘请高职院校的资深教授和企业、行业专家组成教材编写组及审核组，确定每本教材的主编及主审，有序推进教材的编写及审核工作，确保教材质量。

本系列教材坚持理论知识够用，技能实战相结合，内容上突出实训教学的特点，采用项目制编写，并注重教学情境设计、教学考核与评价，强化训练目标，具有原创性。经过组织方、编审组、出版方的共同努力，希望本套“高职高专项目式实践类系列教材”能为培养高素质、高技能、高水平的技术应用型人才发挥更大的推动作用。

高职高专项目式实践类系列教材编审委员会

2019年10月

高职高专项目式实践类系列教材
编审委员会

❖ 前　言 ❖

本书是在贯彻落实《国家职业教育改革实施方案》(简称“职教 20 条”)文件精神，推动职业教育大改革大发展的背景下，结合职业教育“以能力为本位”的指导思想，以钳工、车工、焊工、磨工的典型实训项目为载体，将教学、训练、职业资格考试理论与技能知识考点统筹结合后编写而成的。

本书编写特色如下：

1. 立足专业，紧贴教学标准

为适应高职机电类、制造类专业教学，项目内容紧密联系企业生产实际，围绕专业培养目标和课程教学基本要求设置。

2. 理论与实践相结合，体现职教特色

在内容编排上，贯彻理论实践一体化的教学思想，将“训练”贯穿于教学全部，通过机械制造加工设备操作训练来培养学生的技能，促进理论知识的学习。

3. 引入职业资格鉴定内容

为加强对学生专业技能和综合素质的培养，本书注重学生实训过程中的考评。在每个技能训练项目的任务表中，给出了明确详细的考评标准，将车工、钳工、焊工、磨工国家职业标准考纲知识与技能考纲、考点融入实训项目中。

本书由淡乾川、马廷洪担任主编，杨川担任主审。实训项目一、实训项目二由淡乾川编写，实训项目三由高则柱、李俊健、马廷洪、陈佰江编写，实训项目四由金江、程诚、马廷洪编写，实训项目五由淡乾川、王勇编写。全书由淡乾川负责统稿。

本书参考学时如下：

课 程 内 容	学 时
实训项目一　金工基础知识	4
实训项目二　钳工工艺与技能	28
实训项目三　普通车床车削工艺与技能	28
实训项目四　焊接工艺与技能	32
实训项目五　磨削加工	8
总　计	100

在本书的编写过程中，编者参考了部分有关金工训练的书籍和资料，在此对其作者表示衷心的感谢。

由于编者水平有限，书中难免有不足之处，恳请广大读者批评指正，以便修订时改进。

编　者

2020 年 4 月

目　录

实训项目一　金工基础知识..........1
项目分析..........1
知识目标..........1
能力目标..........1
任务一　常用金属材料及性能..........1
任务目标..........1
知识链接..........1
一、常用金属材料的分类..........2
二、金属材料的性能..........2
三、常用金属材料的牌号、特性及应用..........3
技能训练　采用火花、色标等鉴别法区分常用金属材料..........5
任务二　常用量具..........7
任务目标..........7
知识链接..........8
一、钢直尺..........8
二、卡钳..........8
三、塞尺..........9
四、游标卡尺..........9
五、外径千分尺..........12
六、内径千分尺..........14
技能训练　量具使用与维护..........15
项目小结..........16
思考与练习..........17
实训项目二　钳工工艺与技能..........18
项目分析..........18
知识目标..........18
能力目标..........18
任务一　钳工基础知识与安全操作规程..........18
任务目标..........18
知识链接..........19
一、钳工加工的特点..........19
二、钳工常用的设备和工具..........19
三、钳工安全操作规程..........20
技能训练　拆装台虎钳..........21
任务二　划线工具认知与使用..........22
任务目标..........22
知识链接..........22
一、划线概述..........22
二、划线工具及其使用方法..........23
技能训练　摇杆臂零件划线..........25
任务三　链接板锯削..........26
任务目标..........26
知识链接..........26
一、手锯的构造..........26
二、锯条的规格及正确选用..........27
三、锯条的安装..........27
四、手锯的握法..........27
技能训练　链接板锯削..........28
任务四　正四方零件锉削..........29
任务目标..........29
知识链接..........29
一、锉削工具..........29
二、锉削操作方法..........30
技能训练　正四方形锉配..........32
任务五　钻孔、攻螺纹和套螺纹..........35
任务目标..........35
知识链接..........36
一、钻孔相关知识..........36
二、攻螺纹..........38
三、套螺纹..........39
技能训练　螺纹连接零件制作..........41
任务六　机器人底座装配..........43
任务目标..........43
知识链接..........43
一、装配的类型与装配过程..........43
二、装配方法..........43
三、装配前的准备工作..........44
技能训练　RB08 搬运机器人底座装配..........44

项目小结......46
思考与练习......47
实训项目三　普通车床车削工艺与技能......48
项目分析......48
知识目标......48
能力目标......48
任务一　车削加工基础知识与安全操作规程......49
任务目标......49
知识链接......49
一、安全文明操作规程......49
二、普通车床结构......50
三、车刀的结构与使用......52
四、工件的装夹......57
五、切削运动......58
六、切削过程中形成的三个表面......59
七、切削用量......59
八、刀具材料......60
技能训练　三爪卡盘拆装和工件、刀具的装夹......61
任务二　外圆、端面和台阶轴车削......62
任务目标......62
知识链接......62
一、外圆车削方法及加工要求......62
二、端面车削方法及加工要求......65
三、车削台阶轴......66
技能训练　车削台阶轴......67
任务三　圆锥面车削......68
任务目标......68
知识链接......68
一、锥度计算......69
二、普通车床车削锥度的方法......69
三、圆锥面车削的质量问题分析......70
技能训练　车圆锥面......71
任务四　孔加工......73
任务目标......73
知识链接......73
一、钻孔......73
二、镗孔......76
技能训练　加工台阶孔......77
任务五　普通三角螺纹车削......79
任务目标......79
知识链接......79
一、普通三角形螺纹各部分名称及尺寸参数......80
二、车削螺纹前的准备......81
三、车螺纹的方法和步骤......82
四、螺纹车削注意事项......83
五、车削螺纹的质量问题分析......84
技能训练　车削机械螺栓......84
项目小结......86
思考与练习......86
实训项目四　焊接工艺与技能......88
项目分析......88
知识目标......88
能力目标......88
任务一　焊接安全技术操作规程与电弧焊基础知识......88
任务目标......88
知识链接......89
一、焊接安全技术操作规程......89
二、焊接概述......90
三、电弧焊的基础知识......91
技能训练　焊条引弧基本操作......92
任务二　手工电弧焊......93
任务目标......93
知识链接......94
一、手工电弧焊的特点......94
二、手工电弧焊设备与操作过程......94
三、焊条......95
四、手工电弧焊工艺......96
技能训练　板-板对接平焊......101
任务三　气焊与气割......105
任务目标......105
知识链接......105
一、气焊......105

二、气割......111
技能训练　坡口气割和黄铜管的管-管对接水平固定焊......114
任务四　手工钨极氩弧焊......118
任务目标......118
知识链接......119
一、手工钨极氩弧焊原理、特点及应用......119
二、手工钨极氩弧焊设备......119
三、焊接工艺参数......121
技能训练　薄板对接平焊......124
项目小结......126
思考与练习......126
实训项目五　磨削加工......129
项目分析......129
知识目标......129
能力目标......129
任务一　外圆磨削......129
任务目标......129
知识链接......129
一、外圆磨床安全操作规程......129
二、外圆磨床的组成......130
三、外圆磨削方法......131
技能训练　磨削台阶轴......132
任务二　平面磨削......133
任务目标......133
知识链接......134
一、磨削平行平面的步骤......134
二、平面磨削方法......134
技能训练　磨削垫块......135
项目小结......136
思考与练习......136
参考文献......138

实训项目一　金工基础知识

项目分析

机械加工工程所接触到的所有物质都是由不同的材料组成的，掌握材料的性质是加工制造的前提条件。本项目简要介绍常用金属材料及性能，游标卡尺、千分尺等量具的使用、维护与保养方法。

本项目需要完成以下任务：

(1) 了解常用金属材料及性能。

(2) 学会常用金属材料的鉴别方法。

(3) 学会使用常用量具。

知识目标

(1) 了解常用金属材料的分类与性能。

(2) 了解常用金属材料的牌号与特性。

(3) 了解常用金属材料的应用。

(4) 了解各类量具的应用场合。

能力目标

(1) 掌握常用碳素钢、合金钢、铸铁、有色金属的牌号和应用范围。

(2) 采用火花、色标鉴别法区分常用金属材料。

(3) 掌握正确使用与保养常规量具的方法。

任务一　常用金属材料及性能

任务目标

工程材料按用途可分为建筑工程材料、机械工程材料、电工材料等；按材料的化学成分和结构特点可分为金属材料、非金属材料、复合材料、高分子材料等。本任务主要学习常用金属材料的性能和鉴别方法。

知识链接

机械加工所接触到的所有物质都是由不同的材料组成的，掌握材料的性质是加工制造的前提条件。材料的种类繁多，本任务只简要介绍常用金属材料的分类和性能。

一、常用金属材料的分类

根据含碳量的不同，常用黑色金属可分为钢和铸铁。

1. 钢

工业上将碳的质量分数小于 2.11%的铁碳合金称为钢。钢具有良好的使用性能和工艺性能，因此获得了广泛的应用。钢的分类方法很多，常用的分类方法有以下几种：

(1) 按化学成分分类，钢可分为碳素钢和合金钢。碳素钢又可以分为低碳钢(含碳量小于 0.25%)、中碳钢(含碳量为 0.25%～0.6%)、高碳钢(含碳量大于 0.6%)；合金钢可以分为低合金钢(合金元素总含量小于 5%)、中合金钢(合金元素总含量为 5%～10%)、高合金钢(合金元素总含量大于 10%)。

(2) 按用途分类，钢可分为结构钢(主要用于制造各种机械零件和工程构件)、工具钢(主要用于制造各种刀具、量具和模具等)、特殊性能钢(具有特殊的物理、化学性能，可分为不锈钢、耐热钢、耐磨钢等)。

(3) 按品质分类，钢可分为普通碳素钢(P≤0.045%、S≤0.05%)、优质碳素钢(P≤0.035%、S≤0.035%)、高级优质碳素钢(P≤0.025%、S≤0.025%)。

2. 铸铁

铸铁是一种以 Fe、C、Si 为基础的复杂多元合金，其含碳量为 2.0%～4.0%。铸铁具有优良的铸造性、减震性和耐磨性，且价格低廉，在制造业中使用得相当广泛。铸铁的种类有灰铸铁、球墨铸铁、可锻铸铁三类。

二、金属材料的性能

1. 金属材料的工艺性能与使用性能

金属材料的性能一般包括工艺性能和使用性能两类。

工艺性能是指机械零件在加工制造过程中，金属材料在冷、热加工条件下表现出来的性能。金属材料工艺性能的好坏，决定了它在制造过程中加工成形的适应能力。由于加工条件不同，要求的工艺性能也就不同，如铸造性能、焊接性能、锻造性能、热处理性能、切削加工性能等。

使用性能是指机械零件在不同使用条件下，金属材料表现出来的性能，包括机械性能、物理性能、化学性能等。金属材料使用性能的好坏，决定了它的使用范围与使用寿命。

2. 金属材料的机械性能

在机械制造业中，一般机械零件都是在常温、常压和非强烈腐蚀性介质中使用的，且在使用过程中各机械零件承受不同的载荷。金属材料在载荷作用下抵抗破坏的性能，称为机械性能。

金属材料的机械性能是零件设计和选材时的主要依据。外加的拉伸、压缩、扭转、冲击等载荷性质不同，对金属材料机械性能的要求也将不同。常用的机械性能包括强度、塑性、硬度、疲劳、冲击韧性等。下面分别介绍各种机械性能。

1) 强度

强度是指金属材料在载荷作用下抵抗破坏(过量塑性变形或断裂)的性能。由于载荷的作用方式有拉伸、压缩、弯曲、剪切等形式，所以强度也分为抗拉强度、抗压强度、抗弯强度、抗剪强度等。各种强度间有一定的联系，使用中一般较多以抗拉强度作为最基本的强度指标。

2) 塑性

塑性是指金属材料在载荷作用下，产生塑性变形(永久变形)而不被破坏的能力。

3) 硬度

硬度是衡量金属材料软硬程度的指标。目前生产中最常用的测定硬度的方法是压入硬度法，它是用一定几何形状的压头在一定载荷下压入被测试的金属材料表面，根据被压入的程度来测定其硬度值。常用的方法有布氏硬度(HB)、洛氏硬度(HRA、HRB、HRC)和维氏硬度(HV)等。

4) 疲劳

强度、塑性、硬度都是金属在静载荷作用下的机械性能指标。实际上，许多机器零件都是在循环载荷下工作的，在这种条件下零件会产生疲劳。

5) 冲击韧性

以很大速度作用于机件上的载荷称为冲击载荷，金属在冲击载荷作用下抵抗破坏的能力叫作冲击韧性。

三、常用金属材料的牌号、特性及应用

1. 碳素钢

常见碳素结构钢的牌号用“Q＋数字”表示，其中“Q”为屈服点的“屈”字的汉语拼音首字母，数字表示屈服强度的数值。若牌号后标注字母，则表示钢材质量等级。

优质碳素结构钢的牌号用两位数字表示钢的平均碳质量分数的百分数，例如，20钢的平均碳质量分数为0.2%。常用碳素钢的牌号、主要特性及应用举例如表1-1所示。

表1-1　常用碳素钢的牌号、主要特性及应用举例

名称	牌号	主要特性	应用举例
碳素结构钢	Q215	具有较高的韧性、塑性和焊接性能及良好的压力加工性能，强度低	铆钉、垫圈、地脚螺栓、薄板、拉杆、烟筒等
	Q235	具有高的韧性、塑性和焊接性能、冷冲压性能及一定的强度和好的冷弯性能	一般要求的零件和焊接件，受力不大的拉杆、连杆、销、轴、螺钉、螺母、支架、基座等
优质碳素结构钢	15	强度低，塑性、韧性很好，焊接性能优良，易冷热加工成形，淬透性很差，正火或冷加工后切削性能好	机械上受力不大，形状简单，韧性要求较高或焊接性能较好的中小结构件及螺栓、螺钉、法兰盘等

续表

名称	牌号	主 要 特 性	应 用 举 例
优质碳素结构钢	45	综合力学性能和切削性能较好，用于强度要求较高的重要零件	强度高的运动件，如活塞、轴、齿条、齿轮、蜗杆、曲轴、传动轴、连杆等
铸造碳钢	ZG20～ZG400	有良好的塑性、韧性和焊接性能，用于受力不大，要求韧性较好的各种机械零件	机座、变速器壳等

2. 合金钢

为了提高钢的性能，在优质碳素钢基础上适当加入一种或几种合金元素(如硅、锰、铬、镍、钼、钒等)炼成的钢种，称为合金钢。合金结构钢的牌号用“两位数(平均碳质量分数的万分之几) + 元素符号 + 数字(该合金元素质量分数小于 1.5%的不标出，1.5%～2.5%的标 2，2.5%～3.5%的标 3，以此类推)”表示。

对合金工具钢的牌号而言，当碳的质量分数小于 1%时，用“一位数(表示碳质量分数的千分之几) + 元素符号 + 数字”表示；当碳的质量分数大于 1%时，用“元素符号 + 数字”表示 (注：高速钢碳的质量分数小于 1%，其含碳量也不标出)。常用合金钢的牌号、主要特性及应用举例如表 1-2 所示。

表 1-2　常用合金钢的牌号、主要特性及应用举例

牌号	主 要 特 性	应 用 举 例
45MnB	可用来代替 40Cr、45 Cr 钢，制造较耐磨的中、小截面的调质件和高频淬火件等	机床上的齿轮、曲轴齿轮、花键轴和套、钻床主轴等
40Cr	调质后有良好的综合力学性能，用于较重要的调质零件，如在交变负荷下工作的零件、中等转速和中等负荷的零件、表面淬火后可用作负荷及耐磨性较高且无很大冲击的零件。表面淬火硬度可达 HRC 48～55	齿轮、套筒、轴、曲轴、销、连杆、螺钉、螺母、进气筒等
20CrMo	强度好、韧性较高，在 500℃以下有足够的高温强度，焊接性能好	轴、活塞边杆等
42CrMo	淬透性比 35CrMo 高，调质后有较高的疲劳极限和抗多次冲击能力，低温冲击韧性好，表面淬火硬度可达 HRC 54～60	牵引用的大齿轮、增压器传动齿轮、发动机气缸、石油探井钻杆接头与打捞工具等

3. 铸铁

铸铁的生产工艺和生产设备简单，价格便宜，具有许多优良的使用性能和工艺性能，所以应用非常广泛，是工程上最常用的金属材料之一。常用铸铁的牌号、主要特性及应用举例如表 1-3 所示。

表 1-3　常用铸铁的牌号、主要特性及应用举例

名称	牌号	主要特性	应用举例
灰铸铁	HT100	铸造性能好，工艺简单，铸造应力小，不用人工时效处理，减震性好	负荷低，对摩擦和磨损无特殊要求的外罩、手轮、支架等
	HT200	强度、耐磨性、耐热性较好，铸造性能好，需进行人工时效处理	承受较大应力(弯曲应力小于 29.4 MPa、摩擦面间单位应力小于 0.459 MPa)条件下易磨损的零件，如气缸、机床床身、制动轮、联轴器盘、活塞环等
球墨铸铁	QT400-15、QT400-18	焊接性和切削性能好，常温下冲击韧性高，脆性转变温度低	汽车、拖拉机轮毂，离合器、差速器、减速器等的壳体，通用机械的 1.6 MPa～6.4 MPa 气压阀门的阀体、阀盖，压缩机上承受一定温度的高低压气缸、电动机壳体等
可锻铸铁	KTH300-06	强度高、韧性和塑性好，抗冲击，有一定耐腐蚀性，切削性能好	管路弯头、三通、管体配件和中低压阀门等

4. 有色金属

有色金属的种类繁多，虽然其产量和使用不及黑色金属，但是它们具有某些特殊性能，已成为工业生产中不可缺少的材料。常用有色金属的牌号、主要特性及应用举例如表 1-4 所示。

表 1-4　常用有色金属的牌号、主要特性及应用举例

名称	牌号	主要特性	应用举例
纯铜	T1、T2	有良好的导电、导热、耐腐蚀和加工性能，可焊接	电线、电缆、导电螺钉、化工用蒸发器、各种管道等
黄铜	H62、H63	有良好的力学性能，热态下塑性良好，可加工性好，易焊接，但易产生腐蚀裂纹，应用广泛	各种拉伸和折弯的受力零件，如导管、螺母、销钉、气压表弹簧、散热器零件等
铝合金	2A11	具有中等强度，在退火、刚淬火的热态下可塑性较好，可热处理强化，在淬火和自然时效状态下使用，点焊焊接性能良好	各种中等强度的零件和构件，冲压的连接部件，如螺栓、铆钉等

技能训练　采用火花、色标等鉴别法区分常用金属材料

一、实训目的

(1) 掌握常用钢材、铸铁的火花特征。

(2) 掌握金属材料的涂色标志。

二、实训器材

实训器材要求如表 1-5 所示。

表 1-5　实训器材清单

实 训 器 材	数 量
砂轮机	1 台
碳素结构钢板 150 mm × 20 mm × 5 mm	1 块
合金结构钢板 150 mm × 20 mm × 5 mm	1 块
优质结构钢板 150 mm × 20 mm × 5 mm	1 块
红色、白色、黑色、黄色涂料	各 1 瓶

三、实训操作

1. 以火花区分材料种类

可以根据在砂轮机上磨削钢铁材料过程中所产生的火花爆裂形状、流线、色泽等特点来区分材料种类。钢铁材料的火花特征如下：

(1) 低碳钢(以 15 钢为例)：整个火花束颜色草黄带红，发光适中，火花尾部较长，流线稍多，根部渐粗膨大，至尾部又有减缩，下垂成半弧形。爆花为四根分叉一次花，呈星形，芒线较粗。低碳钢火花图如图 1-1 所示。

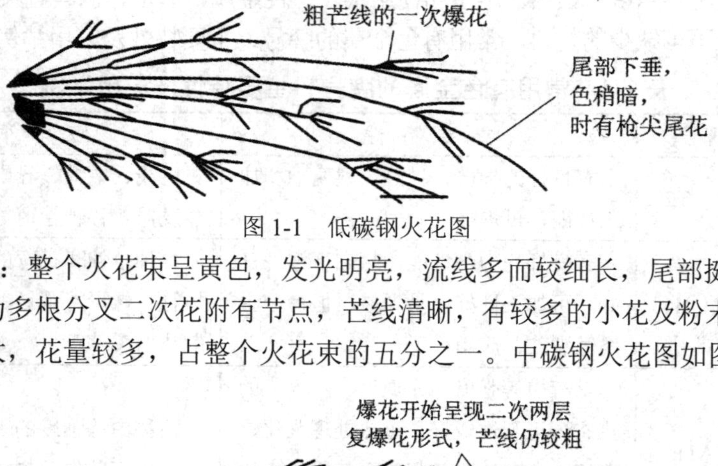

图 1-1　低碳钢火花图

(2) 中碳钢：整个火花束呈黄色，发光明亮，流线多而较细长，尾部挺直，尖端有分叉现象；爆花为多根分叉二次花附有节点，芒线清晰，有较多的小花及粉末状产生，火花盛开，射力较大，花量较多，占整个火花束的五分之一。中碳钢火花图如图 1-2 所示。

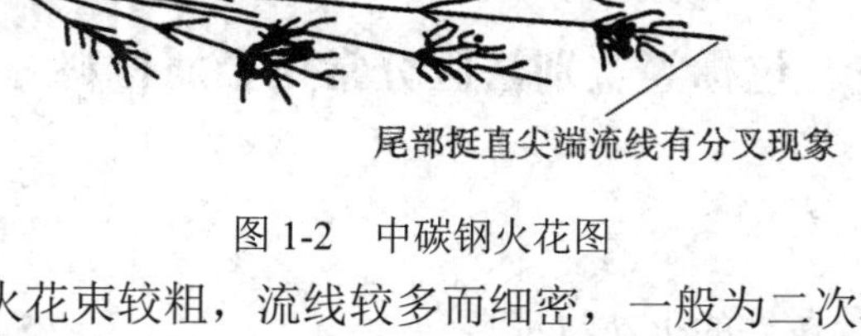

图 1-2　中碳钢火花图

(3) 铸铁 HT200：火花束较粗，流线较多而细密，一般为二次花，粉末状多，尾部渐粗，下垂成弧形，颜色橙红带橘红。火花试验时手感较软。HT200 火花图如图 1-3 所示。

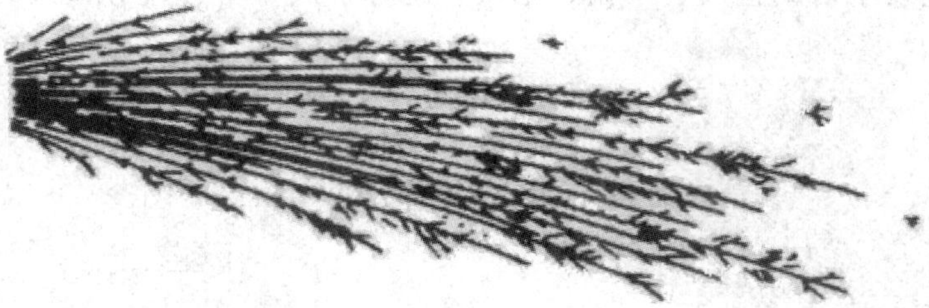

图 1-3　铸铁 HT200 火花图

2. 色标鉴别法

按照涂色方法标准对金属材料进行涂色以表示钢种、钢号，颜色应涂在金属材料一端的端面或端部，盘条则涂在卷的外侧。例如，碳素结构钢 Q235 为红色，优质碳素结构 45 钢为白色 + 棕色，合金结构钢 20CrMnTi 为黄色 + 黑色。

四、注意事项

(1) 操作砂轮机时禁止戴手套，并遵守砂轮机安全操作规程。
(2) 材料涂色方法按材料要求执行。

五、实训考核

根据完成实训的综合情况进行考核，考核项目及评分方法如表 1-6 所示。

表 1-6　实训考核表

班级		姓名		扣分记录	得分
项目	考核要求	分值	评分细则		
材料色标	对常用的金属材料正确规范涂色	20	1. 未规范涂色操作一处扣 5 分； 2. 材料色标错误一种扣 10 分		
砂轮机操作	遵守砂轮机安全操作规程	40	违规操作砂轮机一处扣 10 分		
火花束鉴别	对低碳钢、中碳钢、铸铁磨削产生的火花束进行鉴别	40	对钢铁材料火花束鉴别错误一次扣 10 分		
总　分		100	总得分		

任务二　常 用 量 具

任务目标

量具可测量物体的长度、直径、深度、高度、角度及配合零件结合面之间的间隙等数据，本任务主要学习钢直尺、卡钳、塞尺、游标卡尺、千分尺等量具的读数原理与使用方法。

知识链接

一、钢直尺

钢直尺是最简单的长度量具，用不锈钢片制成，可直接用来测工件尺寸，如图 1-4 所示。它的测量长度规格有 150 mm、200 mm、300 mm、500 mm 等。测量工件的外径和内径尺寸时，钢直尺常与卡钳配合使用。测量精度一般只能达到 0.2 mm～0.5 mm。

图 1-4 钢直尺

二、卡钳

卡钳是一种间接读数量具，卡钳不能直接读出尺寸，必须与钢直尺或其他刻线量具配合使用才能进行测量。常见卡钳的形式和种类如图 1-5 所示。外卡钳用来测量外径和平行面等，如图 1-5(a)所示，内卡钳用来测量内径、凹槽等，如图 1-5(b)所示。

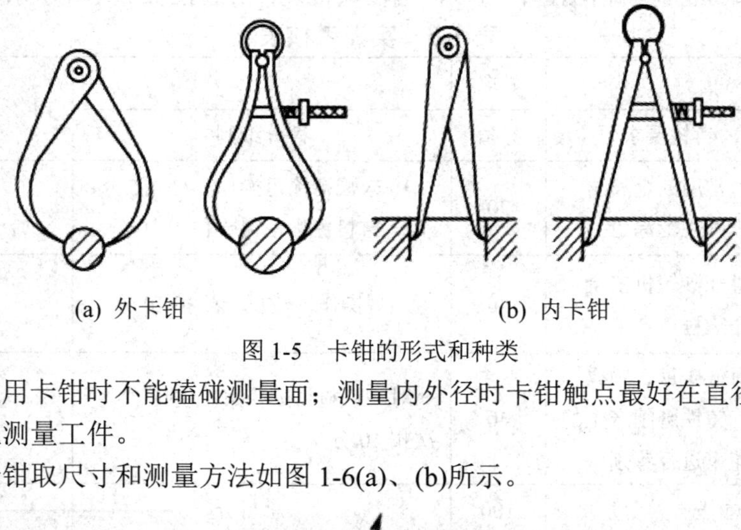

(a) 外卡钳　　(b) 内卡钳

图 1-5 卡钳的形式和种类

注意：使用卡钳时不能磕碰测量面；测量内外径时卡钳触点最好在直径位置；不能在旋转的主轴上测量工件。

内、外卡钳取尺寸和测量方法如图 1-6(a)、(b)所示。

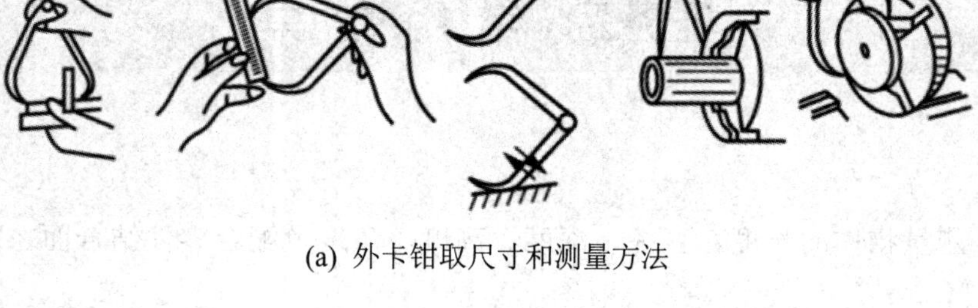

(a) 外卡钳取尺寸和测量方法

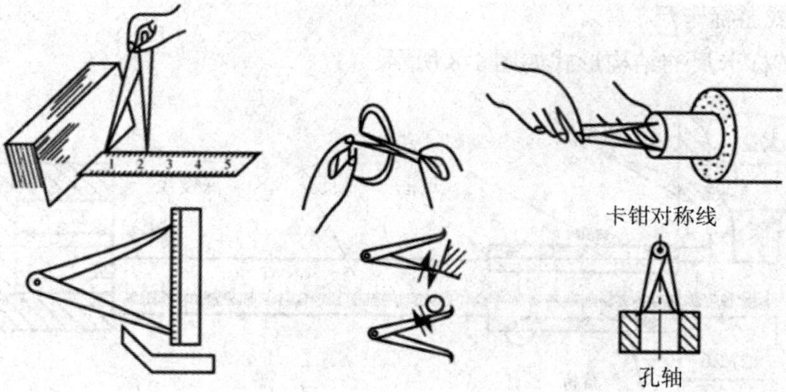

(b) 内卡钳取尺寸和测量方法

图 1-6　卡钳使用方法

三、塞尺

塞尺主要用来测量配合零件结合面的间隙。塞尺是多片不同厚度尺寸的薄钢片组成的，每片塞尺上都有厚度标记，以供选择使用，如图 1-7 所示。

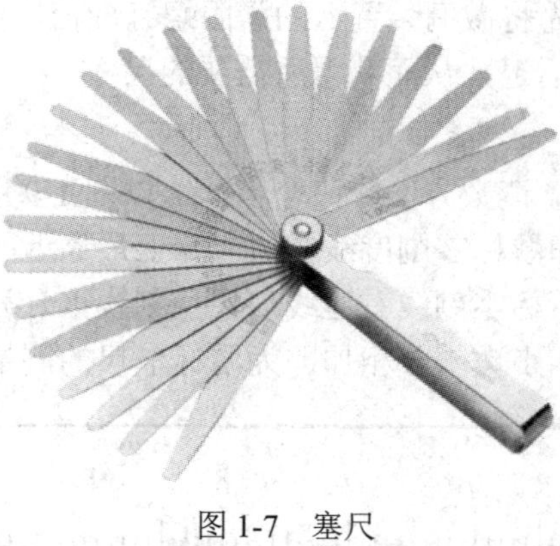

图 1-7　塞尺

测量时根据结合面间隙的大小，把一片或数片重叠在一起塞进间隙内。例如：用 0.05 mm 规格的塞尺能插入间隙，而 0.06 mm 不能插入，则说明间隙为 0.05 mm～0.06 mm。

使用塞尺时须注意下面几点：

(1) 根据结合面的间隙情况选用塞尺片数，但片数越少越好。

(2) 测量时不能用力太大，以免塞尺弯曲和折断。

(3) 不能测量温度较高的工件。

四、游标卡尺

游标卡尺是一种常用的量具，可直接测量工件的外径、内径、长度、宽度和深度等尺寸。按用途不同，游标卡尺可分为普通游标卡尺、游标深度尺、游标高度尺等几种。游标卡尺的测量精度一般有 0.02 mm、0.05 mm 两种，测量范围有 0～125 mm、0～150 mm、0～200 mm、0～500 mm 等。

1. 刻度式游标卡尺

刻度式游标卡尺的结构形式如图 1-8 所示。

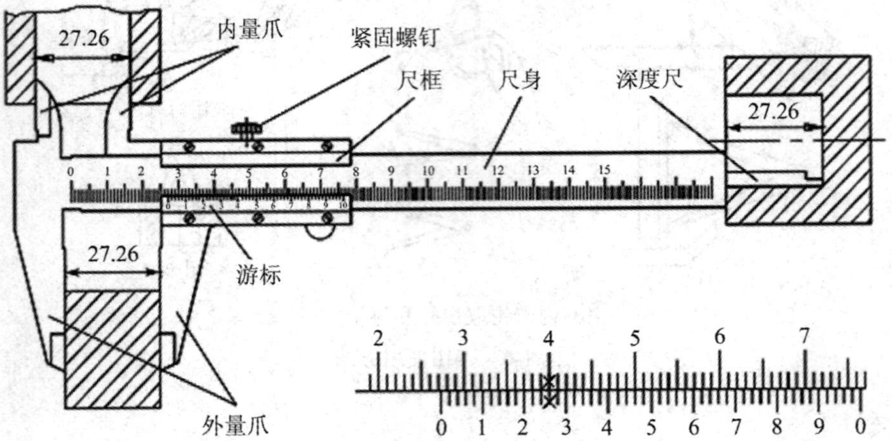

图 1-8　刻度式游标卡尺的结构

测量时旋松紧固螺钉可使活动尺身沿固定尺身移动，并通过游标和固定尺身上的刻线进行读数，在调节尺寸时可先将微调装置上的紧固螺钉旋松，再通过其内的微调螺母与螺杆配合推动活动尺身前进或后退，从而获得所需要的尺寸。

1) *游标卡尺的读数方法*

用游标卡尺测量工件时，读数方法分三个步骤，以图 1-9 所示为例。

(1) 先读出整数部分，即游标零刻度线左边尺身上最靠近的一条刻线读数为 50 mm。

(2) 再读小数部分，即游标零刻线右边线与尺身刻线重合为小数部分，读数 0.7 mm。

(3) 将读数的整线部分和小数部分相加即为游标卡尺的测量数据。

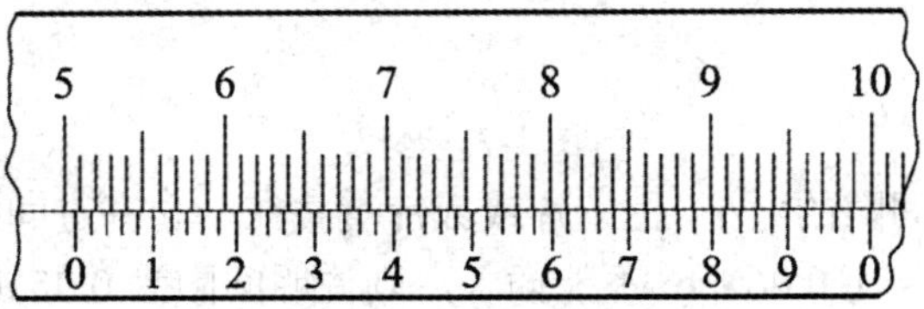

图 1-9　刻度式游标卡尺的读数方法

2) *游标卡尺的使用方法*

(1) 测量前先把量爪和被测表面擦干净，检查尺框移动是否灵活，紧固螺钉能否起作用等。

(2) 校对零位的准确性。两量爪紧密贴合，应无明显间隙，尺身零线与游标零线应对齐。

(3) 测量时应将两量爪张开到略大于被测尺寸，再将固定量爪的测量面紧贴工件，轻轻移动活动量爪接触工件表面为止，并找出最小尺寸，如图 1-10(a)所示。游标卡尺测量面的连线要垂直于被测表面，不可处于歪斜位置，否则测量不准确，如图 1-10(b)所示。

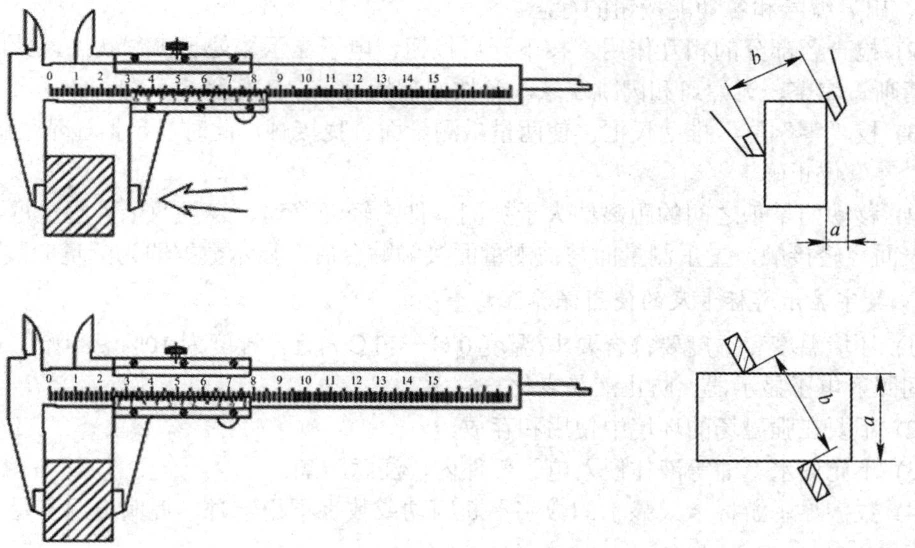

(a) 正确　　　　(b) 错误

图 1-10　刻度式游标卡尺的使用方法

2. 数字显示游标卡尺

1) 数字显示游标卡尺的结构原理

数字显示游标卡尺是用容栅(或光栅等)测量系统和数字显示器进行读数的通用长度测量工具。

数字显示游标卡尺有容栅式、光栅式、齿条码盘式三种，常用为容栅式。容栅式数字显示游标卡尺的电子部件采用集成电路和液晶显示，它们共同装在一块双面印制电路板上。这块印制电路板又兼作传感器的动栅尺，而定栅尺安装在尺身上。动栅尺极板与定栅尺极板之间保持一定的间隙，当加上电信号时，定栅尺极板就得到一个感应信号，该信号又被动栅尺感应接收。当移动尺框(定栅尺移动)时，动栅尺就接收到一个与尺框位移成正比的相位变化信号，电路对该信号进行处理，最后驱动液晶显示出数字，就可以读取位移变化的具体数值。数字显示游标卡尺由机械量爪、刻度尺身、数字显示器等部分组成，如图 1-11 所示。

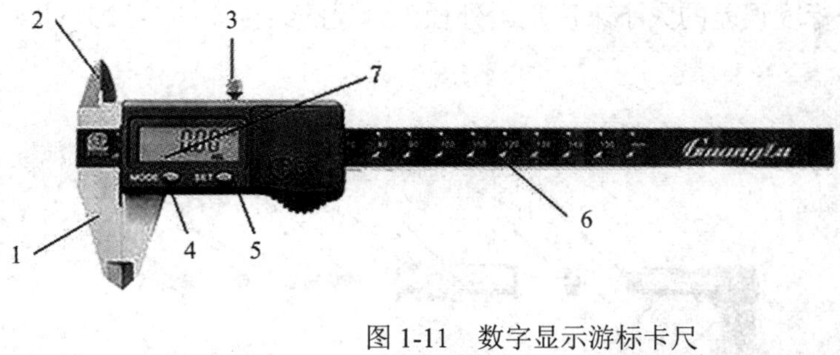

1—外量爪；
2—内量爪；
3—开启按钮；
4—关闭按钮；
5—置零钮；
6—刻度尺身；
7—数字显示器

图 1-11　数字显示游标卡尺

2) 数字显示游标卡尺的使用方法

(1) 检查外观。数字显示游标卡尺的表面上不应有锈蚀、碰伤或其他缺陷。电子显示器表面不得倾斜，应清洁、透明、无破损和划痕。数字显示游标卡尺上应标有制造厂名(或厂标)、出厂编号和各功能按钮的标志。

(2) 检查各部分的相互作用。按下开启按钮，电子显示器处于工作状态。此时数字显示应清晰、完整，无黑斑和闪跳现象。各按钮功能可靠，工作稳定。

(3) 校“零”位。推动尺框，使两量爪测量面合拢接触，此时显示器显示“00.00”，说明“零”位正确。

(4) 移动两量爪之间的距离约大于被测零件，轻轻移动、合拢两个外测量爪，与被测零件表面轻轻接触，量爪测量面与被测量面接触贴合后，显示数据即为测量的数据。

3) 数字显示游标卡尺的使用保养注意事项

(1) 环境温度和湿度要符合要求(温度 0℃～40℃为宜，湿度为 10%～80%)，严禁强光长时间照射电子显示器，防止液晶老化。

(2) 不要在强磁场的环境中使用和存放。

(3) 不允许水、油等液体侵入电子部件内，注意防潮。

(4) 数字显示游标卡尺显示的数字不断闪动或数字不稳定时，说明电源不足，应及时更换电池。

(5) 不要用电刻机在数字显示游标卡尺上刻字，以防击穿电子线路。

(6) 使用后清洁量具，将游标卡尺的测量面和尺身用干净的软布擦去手指印、杂质和油污，测量面轻涂一层润滑油，固定放置于量具盒内。

(7) 数字显示游标卡尺不允许摆放在振动的机床上；送检时，手推车上应垫以泡沫塑料或软布减震。

(8) 数字显示游标卡尺应定置摆放，不允许与工具(榔头、钳子等)、刀具、零件等物品混放，不允许与其他量具接触、叠放。

(9) 数字显示游标卡尺应按计量器具周期检定计划送检，检定合格后才能使用。

五、外径千分尺

1. 外径千分尺的结构

千分尺是一种精密量具，测量精度比游标卡尺高，而且比较灵敏。其规格按测量范围可分为：0～25 mm、25 mm～50 mm、50 mm～75 mm、75 mm～100 mm 等，使用时按被测工件的尺寸选取。千分尺的测量精度分为 0 级和 1 级，0 级精度最高，1 级稍低，其测量精度主要由它的两测量面平行度误差的大小来决定。外径千分尺的结构如图 1-12 所示。

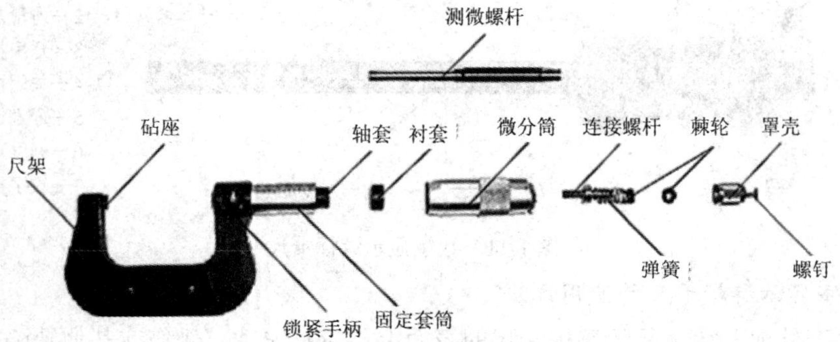

图 1-12　外径千分尺的结构

2. 外径千分尺的读数方法

千分尺的固定套筒的每一格为 0.5 mm，而微分筒上每一格为 0.01 mm，千分尺的具体读数方法分三个步骤，以图 1-13 所示为例。

(1) 读出固定套筒上的露出刻度线的毫米及半毫米数。

(2) 选择微分筒上的刻度线与固定套筒上的基准线对齐的线作为不足半毫米的小数部分读数。

(3) 将两个读数相加，即为测得的实际尺寸。读数方法为固定套筒读数为 1 刻度线为 1 mm，微分筒的读数为 1 格是 0.01 mm。图 1-13(a)中的固定套筒读数为 7 mm，微分筒的读数为 0.08 mm；图 1-13(b)中的固定套筒读数为 29.5 mm，微分筒的读数为 0.35 mm。

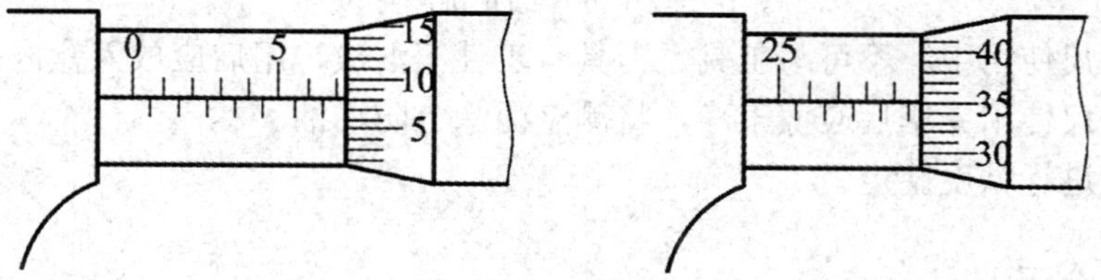

7 + 0.08 = 7.08 mm

(a) 读数示例一

29.5 + 0.35 = 29.85 mm

(b) 读数示例二

图 1-13　千分尺的读数方法示例

3. 外径千分尺的使用和保养

(1) 测量前应检查零位的准确性。

(2) 测量时千分尺的测量面和工件的被测量表面应擦干净，以保证测量正确和减小量具磨损。

(3) 可单手或双手握持千分尺对工件进行测量，如图 1-14 所示。单手测量时旋转力要适当，控制好测量力；双手测量时，先转动微分筒，当测量面接触工件表面时再改用棘轮。

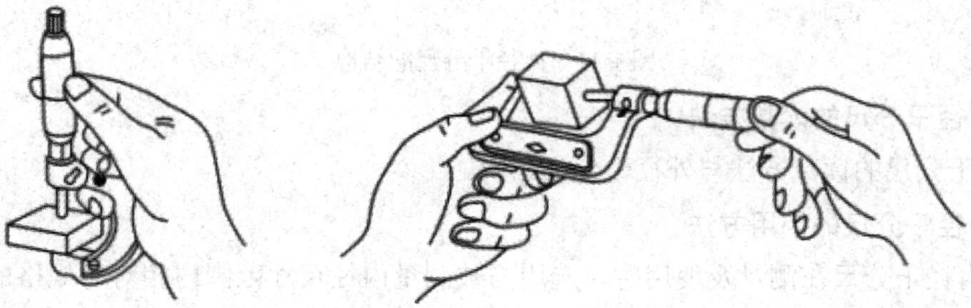

(a) 单手测量　　(b) 双手测量

图 1-14　千分尺的使用方法

(4) 测量平面尺寸时，一般测量工件四角和中间五点，狭长平面测两头和中间三点，如图 1-15 所示。

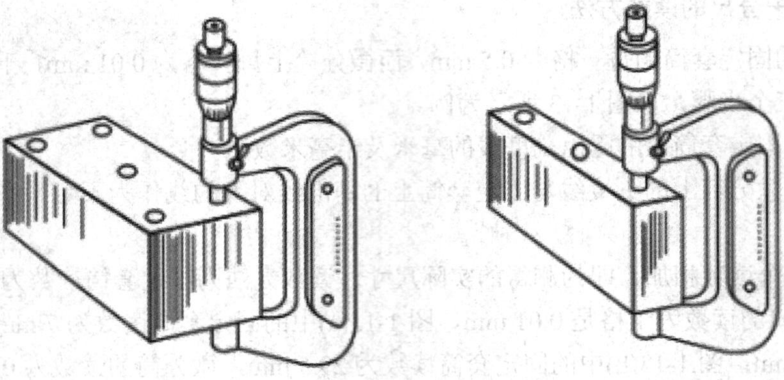

图 1-15　千分尺的正确测量位置

(5) 千分尺使用中，不可与工具、刀具、工件等混放，用后应放入盒内。

(6) 千分尺使用完毕后应擦干净，将测量面涂上防锈油。

(7) 定期进行精度鉴定。

六、内径千分尺

1. 内径千分尺的结构

内径千分尺的结构如图 1-16 所示。

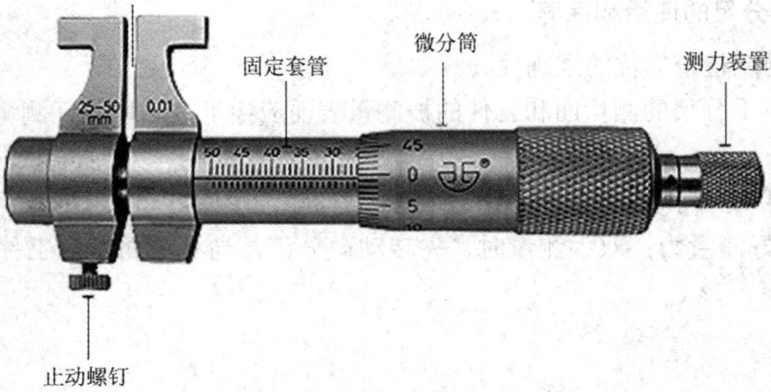

图 1-16　内径千分尺的结构

2. 内径千分尺的读数方法

内径千分尺的读数方法与外径千分尺相同。

3. 内径千分尺的使用方法

(1) 内径千分尺在测量及使用时，选用与被测量内径尺寸范围内相对应规格的型号，其尺寸最大的接杆与其测微头连接，依次顺接到测量触头，以减少连接后的轴线弯曲。

(2) 测量时应看测微头固定和松开时的变化量。

(3) 用内径千分尺测量孔时，将其测量触头测量面支撑在被测表面上，调整微分筒，使微分筒一侧的测量面在孔的径向截面内摆动，找出最小尺寸。然后拧紧止动螺钉并读数，也有不拧紧止动螺钉直接读数的。

(4) 内径千分尺测量时支承位置要正确。接长后的大尺寸内径尺因重力变形，涉及直线度、平行度、垂直度等形位误差。其刚度的大小，具体可反映在“自然挠度”上。理论和实验结果表明，由工件截面形状所决定的刚度对支承后的重力变形影响很大。

技能训练　量具使用与维护

一、实训目的

(1) 根据尺寸精度正确选用量具。

(2) 掌握常用量具的读数方法。

(3) 掌握量具的维护和保养

二、实训器材

实训器材要求如表 1-7 所示。

表 1-7　实训器材清单

实 训 器 材	数 量
钢直尺和卡钳	各 1 把
游标卡尺和千分尺	各 1 把
定位块或其他零件	各 1 块

三、实训操作

完成如图 1-17 所示定位块的测量(老师先示范操作)。

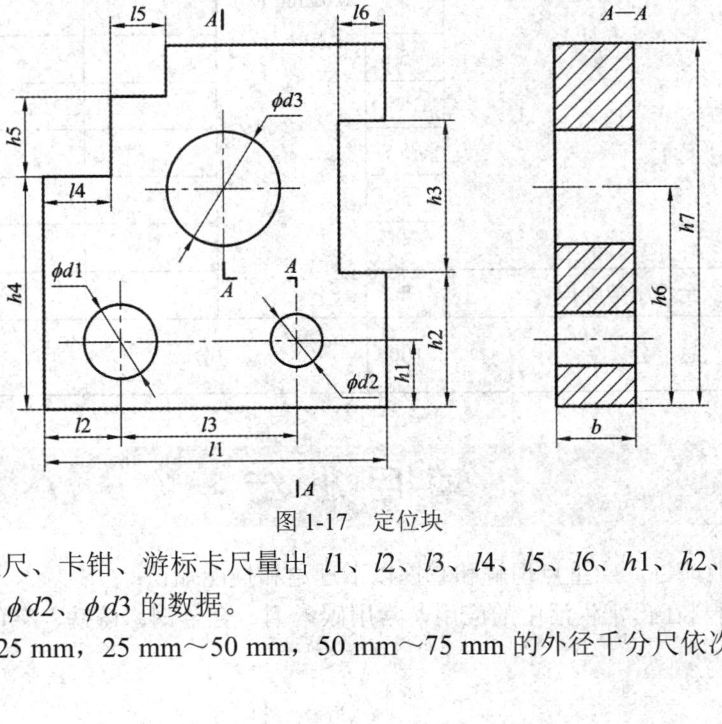

图 1-17　定位块

(1) 用钢直尺、卡钳、游标卡尺量出 *l*1、*l*2、*l*3、*l*4、*l*5、*l*6、*h*1、*h*2、*h*3、*h*4、*h*5、*h*6、*h*7、$\phi d1$、$\phi d2$、$\phi d3$ 的数据。

(2) 用 0～25 mm，25 mm～50 mm，50 mm～75 mm 的外径千分尺依次量出 *l*1、*h*2、

*h*4、*h*7 的尺寸。

(3) 将钢直尺、内外卡钳、游标卡尺、内外千分尺分类整理。

(4) 对所用量具进行维护保养。

(5) 将操作现场的工具、量具、测量工件交任课老师。

四、实训考核

根据完成实训的综合情况进行考核，考核项目及评分方法如表 1-8 所示。

表 1-8　实训考核表

班级		姓名		扣分记录	得分
项目	考核要求	分值	评分细则		
*l*1	根据零件的待测量形状及尺寸范围选择相应量具	8	错误操作一次或各测量项目尺寸误差超量具的测量精度 0.02mm 以上扣 1 分		
*l*2		5			
*l*3		5			
*l*4		5			
*l*5		5			
*l*6		5			
*h*1		8			
*h*2		8			
*h*3		5			
*h*4		5			
*h*5		5			
*h*6		5			
*h*7		8			
$\phi d1$		5			
$\phi d2$		5			
$\phi d3$		5			
量具安全使用与维护		8			
总　分		100	总得分		

项 目 小 结

通过本实训项目，应重点理解和掌握以下理论和技能知识：

(1) 金属材料在日常生活中的应用，常用碳素钢、合金钢、铸铁、有色金属的牌号和应用范围。

(2) 正确使用与保养常规量具的方法。

思考与练习

简述题

(1) 什么是材料硬度？简述布氏硬度和洛氏硬度应用范围。

(2) 金属材料性能包括哪些？

(3) 什么是复合材料？它有哪些特点？

(4) 量具使用和维护应注意哪些事项？

实训项目二　钳工工艺与技能

项目分析

钳工是切削加工的重要工种之一，它大多是在台虎钳上用手工操作方法进行工作的。钳工的主要任务是对产品进行零件加工和装配，在机械设备难以加工的场合下常需要钳工。此外钳工还担负机械设备的维护和维修工作。按专业性分工，钳工有普通钳工、划线钳工、工具钳工、装配钳工和机修钳工等，钳工需掌握的基本操作包括划线、锯削、锉削、钻孔、刮削、攻螺纹、套螺纹、装配和修理等。

本项目需要完成以下任务：

(1) 钳工基础知识与安全操作规程。

(2) 划线工具认知与使用。

(3) 链接板锯削。

(4) 锉削。

(5) 钻孔、攻螺纹及套螺纹。

(6) 装配。

知识目标

(1) 了解钳工在机械制造中的作用。

(2) 了解钳工常用设备和工夹具的用途。

能力目标

(1) 掌握钳工的基本操作方法。

(2) 掌握工具、量具的基本操作技能。

(3) 掌握钳工的安全操作规程。

任务一　钳工基础知识与安全操作规程

任务目标

熟悉钳工加工特点，会使用钳工常用的设备和工具。本任务学习钳工常用的钳台、台虎钳、砂轮机、台式钻床及钳工安全操作规程。

知识链接

一、钳工加工的特点

钳工是一个技术工艺比较复杂、加工程序细致、工艺要求高的工种。它具有使用工具简单、加工多样灵活、操纵方便和适应面广等特点。目前虽然有各种先进的加工方法，但很多工作仍然需要钳工来完成，钳工在保证产品质量中有重要作用。

二、钳工常用的设备和工具

钳工常用的设备有钳工工作台、台虎钳、砂轮机、钻床、手电钻等。常用的手用工具有划针、錾子、手锯、锉刀、刮刀、扳手、锤子等。

1. 钳工工作台

钳工工作台简称钳台，用于安装台虎钳、放置工具、量具和工件等。钳台有单人使用和多人使用的两种，用硬质木材或钢材做成，钳台上安装有安全防护网。钳台要求平稳、结实，台面高度一般以装上台虎钳后钳口高度恰好与人手肘齐平为宜。钳台如图 2-1 所示。

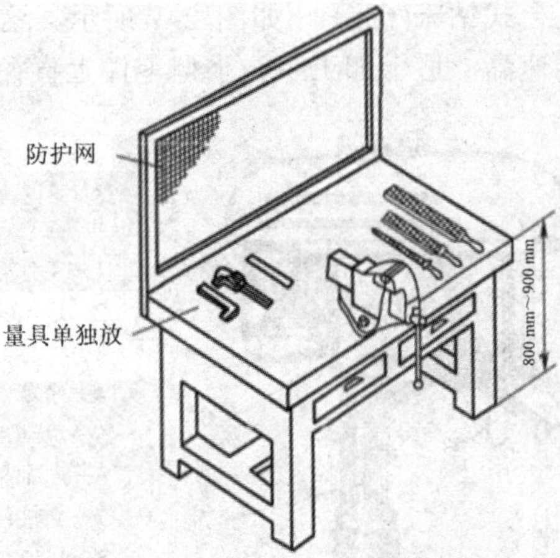

图 2-1　钳台

2. 台虎钳

台虎钳是钳工最常用的一种夹持工具。凿切、锯割、锉削以及许多其他钳工操作都是在台虎钳上进行的。

钳工常用的台虎钳有固定式和回转式两种。如图 2-2 所示为回转式台虎钳的结构图。台虎钳主体是用铸铁制成，由固定部分和活动部分组成。台虎钳固定部分由转盘锁紧螺钉固定在转盘座上，转盘座内装有夹紧盘，放松转盘锁紧手柄，固定部分就可以在转盘座上转动，以变更台虎钳方向。转盘座

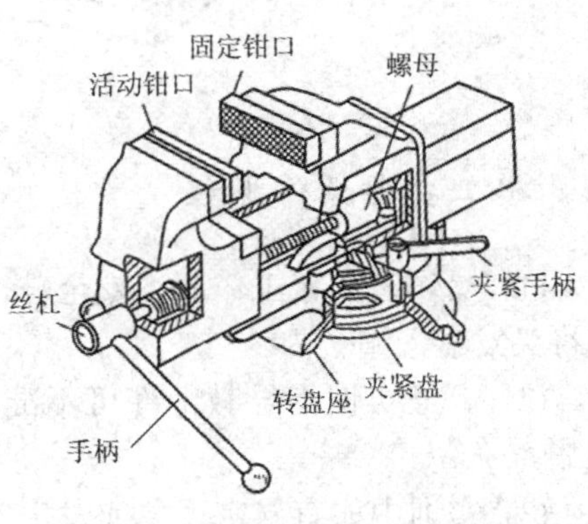

图 2-2　回转式台虎钳结构图

用螺钉固定在钳台上。连接手柄的丝杠穿过活动部分旋入固定部分上的螺母内，扳动手柄使丝杠从螺母中旋出或旋进，从而带动活动部分移动，使钳口张开或合拢，以放松或夹紧零件。

为了延长台虎钳的使用寿命，台虎钳上端咬口处用螺钉紧固着两块经过淬硬的钢质钳口。钳口的工作面上有斜形齿纹，使零件夹紧时不致滑动。夹持零件的精加工表面时，应在钳口和零件间垫上纯铜皮或铝皮等软材料制成的护口片(俗称软钳口)，以免夹伤零件表面。

台虎钳规格以钳口的宽度来表示，一般有 100 mm、150 mm、200 mm 等规格。

台虎钳使用和维护时应注意以下几点：

(1) 台虎钳应牢固地固定在钳台上，不能出现松动。

(2) 夹紧工件时只能用手扳紧丝杠手柄，严禁用手锤敲击手柄或用加力棒转动手柄，以免丝杠、螺母或钳身受力过大而损坏。

(3) 强力作业时，应尽量使力朝向固定钳身，否则丝杠和螺母套会因受力过大而损坏。

(4) 工件尽量装夹在钳口中部，以使钳口受力均匀。

(5) 丝杠、螺母和各滑动表面应注意保持清洁并加润滑油，以延长使用寿命。

3. 钻床

钻床是用于孔加工的一种机械设备，它的规格用可加工孔的最大直径表示，其品种、规格较多。其中最常用的是台式钻床(台钻)，如图 2-3 所示。这类钻床小型轻便，安装在台面上使用，操作方便且转速高，适于加工中、小型零件上直径在 16 mm 以下的小孔。

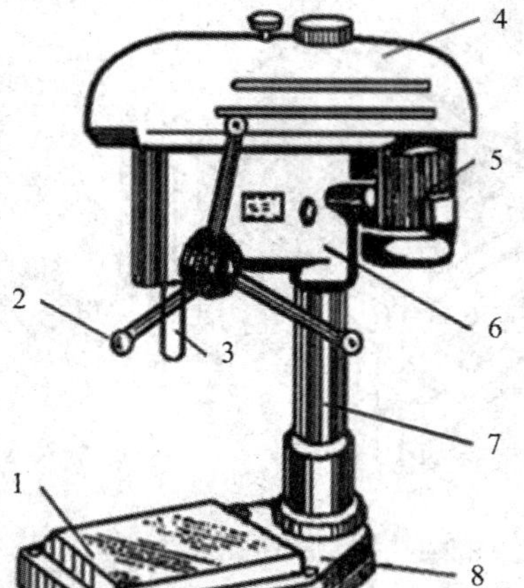

1—工作台；
2—进给手柄；
3—主轴；
4—带罩；
5—电动机；
6—主轴架；
7—立柱；
8—机座

图 2-3　台式钻床

三、钳工安全操作规程

(1) 操作时需穿工作服、安全鞋，戴工作帽及防护镜。禁止戴手套操作机床，女生必须将头发盘入帽子内。

(2) 未经实训指导教师许可不准擅自动用任何设备、电闸、开关等，以免发生安全事故。

(3) 实训中如有异常现象或发生安全事故，应立即拉下电闸或关闭电源开关，停止实训，保留现场并及时报告指导教师，待查明事故原因后方可再进行实训。

(4) 不可使用没有手柄或手柄松动的工具(如锉刀和榔头等)，如发现手柄松动时，必须加以紧固。

(5) 工件必须夹持在虎钳上。对薄板件或小零件加工时，必须对零件进行紧固，不准直接用手拿工件加工。要注意防止装工件的虎钳滑下来砸伤脚。

(6) 在切削过程中，工件上或刀具上的切屑应用毛刷清除。不准直接用手去除切屑或用嘴去吹切屑，不准使用棉纱擦刀具。

(7) 量具使用完毕要擦干净，然后涂上油防止生锈；禁止用钢尺当起子使用；量具、刀具和其他工具不准叠放一堆，用完后放回钳台的抽屉里。

(8) 锯割时，工件在快要断裂时必须减轻用力，放慢速度。

(9) 保持工作场地整洁有序，整理工具并清扫场地卫生。

(10) 使用砂轮机时，旋转的砂轮正对面不许站人，刃磨时注意安全要领；暂时不用时关闭电源。

(11) 钻床操作应注意以下几点：

① 不准戴手套或拿棉纱操作，以免发生人身事故；

② 启动和关停钻床主轴都必须在工件离开刀具后进行；

③ 松开或夹紧钻头时，只能用钻帽上的钥匙，不得用其他物件敲打钻帽上的齿轮；装夹钻头要在钻床静止时进行；

④ 孔将钻穿时，必须减慢手动进给速度，以免折断刀具。

技能训练　拆装台虎钳

一、实训目的

(1) 掌握台虎钳拆装工具及使用。

(2) 掌握台虎钳的结构。

二、实训器材

实训器材要求如表 2-1 所示。

表 2-1　实训器材清单

实 训 器 材	数 量
台虎钳	1 台
活动扳手(10 寸)	1 把
内六角扳手	1 套
铜棒	1 根
毛刷及其他工具	1 把

三、实训操作

(1) 拆装前熟悉台虎钳结构、零件作用和相互间的连接工具，装配过程遵守安全操作规程。

(2) 清理和清洗零件上的锈蚀、油污，并添加防护润滑油。

(3) 整理钳工工作台及场地，清理不相关的物品、地面的杂物等。

四、注意事项

(1) 使用扳手工具时不能用力过猛，铜棒敲击时用力不能太大。

(2) 拆卸后的台虎钳配件应分类摆放。

五、实训考核

根据完成实训的综合情况进行考核，考核项目及评分方法如表 2-2 所示。

表 2-2　实训考核表

班级		姓名		扣分记录	得分
项目	考核要求	分值	评分细则		
工具使用	正确选用工具、扳手	30	1. 违规使用工具、扳手一次扣 2 分； 2. 违规使用工具、扳手导致报废扣 30 分		
台虎钳零件维护	按要求对丝杠、钳口等部件维护保养	40	违规操作一处扣 10 分		
现场整理	职业素养和现场整理	30	未按要求操作一次扣 5 分		
总　分		100	总得分		

任务二　划线工具认知与使用

任务目标

根据图样或实物的尺寸，使用划线工具准确地在工件表面上划出加工界线，确定工件上各加工面的加工位置和加工余量的操作方法，称作划线。本任务主要学习划线平台、划针、划规、样冲、90° 角尺等划线工具及其使用方法。

知识链接

一、划线概述

划线是根据图样要求在毛坯或半成品上划出加工图形、加工界线或加工时找正用的辅助线的操作。划线分为平面划线和立体划线。平面划线是在零件的一个平面上划出工件的加工界线，立体划线是在工件的几个互相垂直或倾斜平面上划线。

划线多数用于单件、小批生产，新产品试制和工、夹、模具制造。划线的精度较低，用划针划线的精度为 0.25 mm～0.5 mm，用高度尺划线的精度为 0.1 mm 左右。

划线的目的如下：

(1) 划出清晰的尺寸界线以及尺寸与基准间的相互关系，便于零件在机床上找正、定位，使机械加工有明确的标志。

(2) 检查毛坯的形状与尺寸，及时发现不合格的毛坯。

(3) 通过对加工余量的合理调整分配(即划线“借料”的方法)，使零件加工符合要求。

二、划线工具及其使用方法

1. 划线平台

划线平台又称划线平板，用铸铁制成，工作表面经过精刨或刮削加工，是划线的基准平面，放置时应使平台工作表面处于水平状态。划线平台如图 2-4 所示。

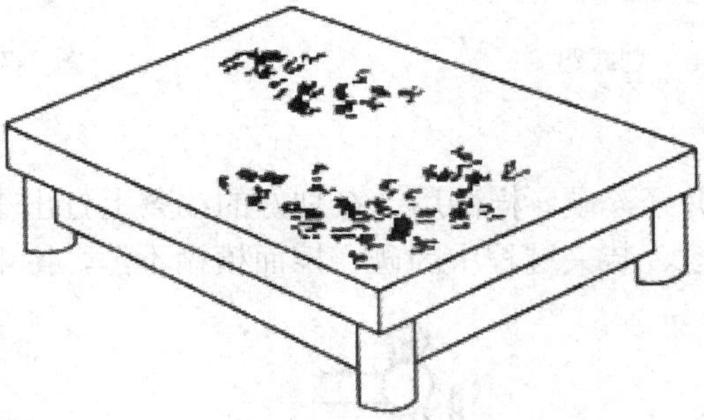

图 2-4　划线平台

2. 划针、划线盘与划规

划针是在零件上直接划出线条的工具，如图 2-5 所示。划针由工具钢淬硬后将尖端磨锐或焊上硬质合金尖头制成。弯头划针可用于直头划针划不到的地方和找正零件。使用划针划线时必须使针尖紧贴钢直尺或样板，如图 2-5(c)所示。

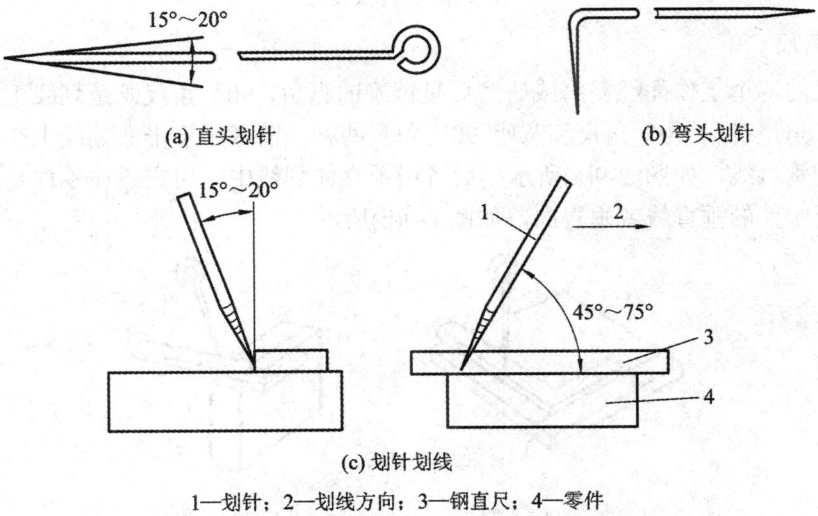

1—划针；2—划线方向；3—钢直尺；4—零件

图 2-5　划针

划线盘如图 2-6 所示，它的直针尖端焊上硬质合金，用来划与针盘平行的直线。另一端弯头针尖用来找正零件。

常用划规如图 2-7 所示，它适合在毛坯或半成品上划圆。

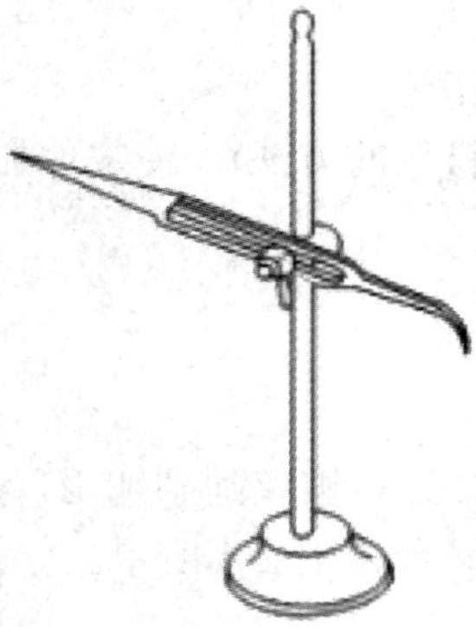

图 2-6　划线盘

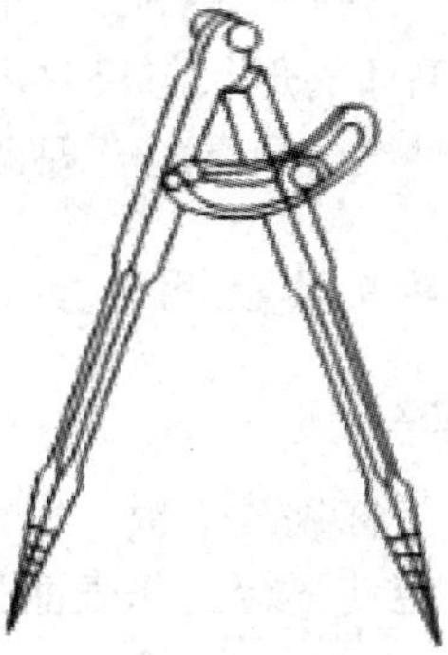

图 2-7　划规

3. 样冲

样冲用工具钢制成并经淬硬。样冲用于在划好的线条上打出小而均匀的样冲眼，以免零件上已划好的线在搬运、装夹过程中因碰、擦而模糊不清，影响加工。如图 2-8 所示。

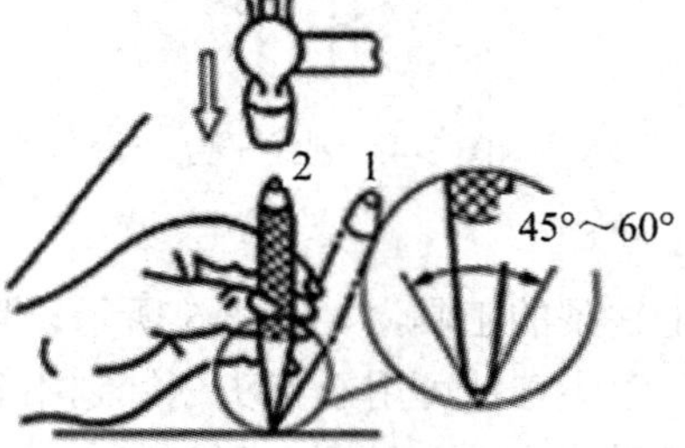

图 2-8　样冲及使用

4. 直角尺

直角尺的两个工作面经精磨或研磨后呈精确的直角，90° 角尺既是划线工具又是精密量具。90° 角尺有扁 90° 角尺和宽座 90° 角尺两种。前者用于平面划线中在没有基准面的零件上划垂直线，如图 2-9(a)所示；后者用于立体划线中，用它靠住零件基准面划垂直线，以找正零件的垂直线或垂直面，如图 2-9(b)所示。

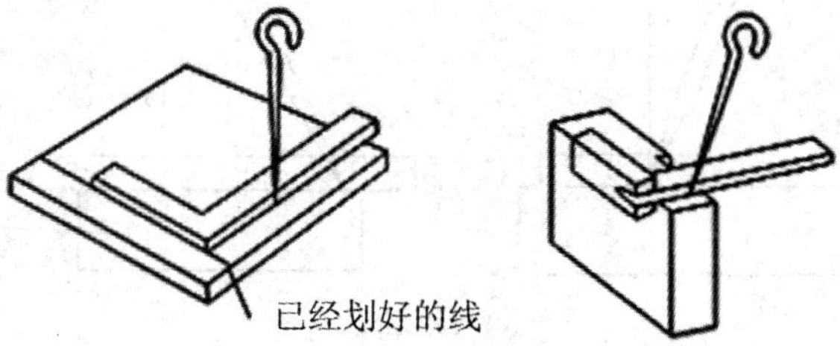

(a) 扁90° 角尺　　(b) 宽90° 角尺

图 2-9　直角尺划线

技能训练　摇杆臂零件划线

一、实训目的

(1) 掌握选择划线基准的原则。

(2) 掌握划线步骤。

二、实训器材

实训器材要求如表 2-3 所示。

表 2-3　实训器材清单

实 训 器 材	数　量
划线平台与钢直尺	各 1 块
划针	1 支
划规	1 支
钢板	1 块
样冲	1 支
榔头	1 把

三、实训操作

1. 实训零件

平面划线实训零件摇杆臂图形如图 2-10 所示。

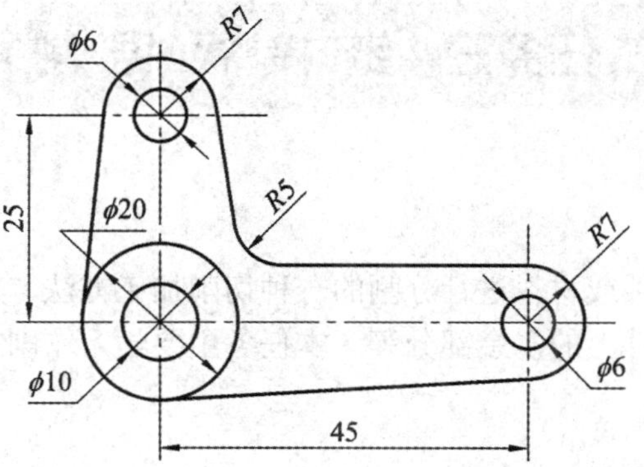

图 2-10　摇杆臂零件图

2. 划线步骤

(1) 将钢板清理干净，涂色。

(2) 选择划针，自料边缘向两侧分别量取 11 mm，划出ϕ20 mm 和ϕ10 mm 圆心的水平基准线和垂直基准线及圆心点。

(3) 分别量取 45 mm 和 25 mm，以ϕ10 mm 为基准划出ϕ6 mm 的两条圆心中心线。

(4) 以前两步划出的中心点，选择划规划出ϕ6 mm、ϕ10 mm、ϕ20 mm、*R*7 mm 的圆。
(5) 分别取ϕ20 mm 和 *R*7 mm 两圆划切线，再划出圆弧 *R*5 mm 切于两切线。
(6) 按零件图检查所划尺寸线的正确性。
(7) 打样冲眼作标记。

四、实训考核

根据完成实训的综合情况进行考核，考核项目及评分方法如表 2-4 所示。

表 2-4　实训考核表

班级		姓名		扣分记录	得 分
项目	考核要求	分值	评分细则		
45	根据零件图形的尺寸选择相应划线工具划线	15	错误操作一次或各测量项目尺寸误差超量具的测量精度 0.1 mm 以上扣 2 分，扣完为止		
25		15			
ϕ6 两处		12			
ϕ10		8			
ϕ20		8			
*R*7 两处		12			
*R*5		15			
样冲打眼		15			
总 分		100	总得分		

任务三　链 接 板 锯 削

任务目标

锯削是用手锯对工件或材料进行分割的一种切削加工方法，其工作范围包括分割各种材料或半成品、锯割工件上的多余部分等。本任务主要学习锯削工具、锯削方法。

知识链接

锯削常用手工锯对工件或材料进行切断或切槽，其相关内容如下。

一、手锯的构造

手锯由锯弓和锯条构成，锯弓是用来安装锯条的，有固定式和可调式两种，如图 2-11 所示。固定式锯弓只能安装一种长度的锯条，而可调式锯弓通过中间两段的前后套内移动调整，可以安装几种长度规格的锯条，使用更广泛。

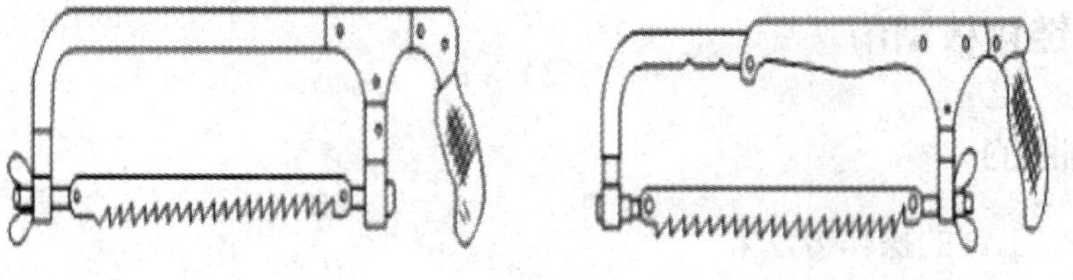

(a) 固定式　　(b) 可调式

图 2-11　手锯

二、锯条的规格及正确选用

锯条的规格以两端安装孔的中心距来表示，常用规格为 300 mm。锯条按其形式分为 A、B 两种，A 形锯条长度有 300 mm 和 200 mm，常用宽度为 12.0 mm 或厚度为 0.65 mm，齿距为 0.8 mm～1.8 mm；B 形锯条长度有 296 mm 和 292 mm，宽度为 22 mm 或 25 mm，厚度为 0.65 mm，齿距为 0.8 mm、1.0 mm、1.4 mm；不同的齿距用于不同的工作条件。

锯条选用时应根据锯削材料的软硬和厚薄来确定。粗齿锯条适用于铜、铝、铸铁等软材料或较厚的工件，细齿锯条适用于中碳钢、板料、薄壁管件等。

三、锯条的安装

手锯向前推进时为切削作用，锯条安装时应使齿尖的方向朝前，如图 2-12 所示。齿条平面要与中心平面平行，不得歪斜和扭曲。锯条的松紧可通过蝶形螺母调节，锯条过松或过紧易折断，过松还会使锯缝歪斜。

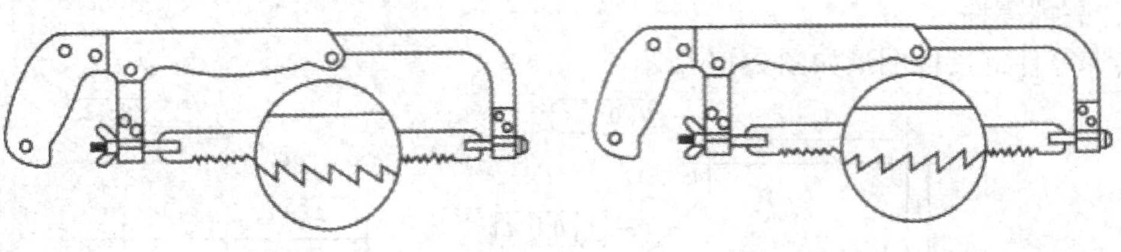

(a) 正确　　(b) 错误

图 2-12　锯条的安装

四、手锯的握法

锯削时右手满握锯弓手柄，大拇指压在食指上。左手控制锯弓方向，大拇指在弓背上，食指、中指、无名指扶在锯弓前端，如图 2-13 所示。

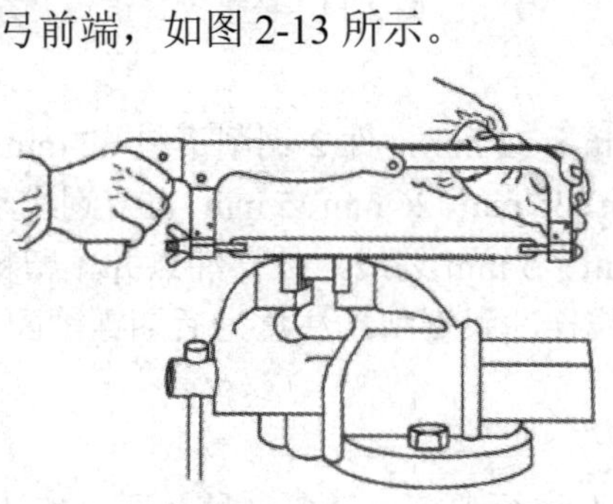

图 2-13　手锯的握法

技能训练　链接板锯削

一、实训目的

(1) 掌握手工锯的操作方法。
(2) 掌握板材的锯削方法。

二、实训器材

实训器材要求如表 2-5 所示。

表 2-5　实训器材清单

实 训 器 材	数 量
台虎钳	1 台
划线平台与钢直尺	各 1 块
划针	1 支
钢板	2 块
样冲	1 支
锯弓和锯条	各 1 把

三、实训操作

1. 实训零件

实训零件链接板图形如图 2-14 所示。

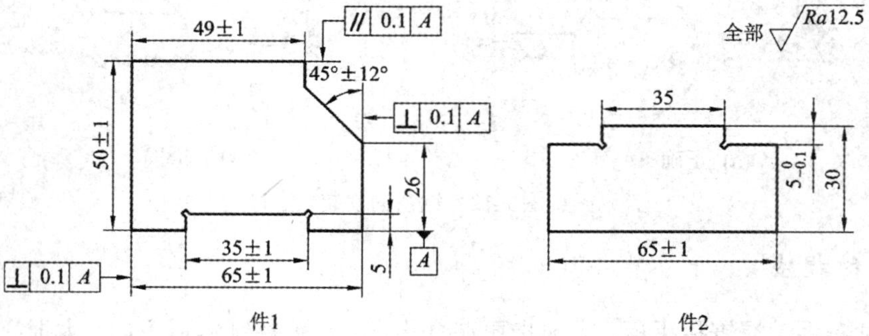

图 2-14　链接板

2. 操作步骤

(1) 件 1 锯削下料 67 mm × 52 mm，件 2 锯削下料 67 mm × 32 mm。
(2) 按件 1 的尺寸 49 mm、35 mm、26 mm、5 mm、45° 划线，打样冲眼并预留精加工余量。
(3) 按件 2 的尺寸 35 mm、5 mm 划线，打样冲点并预留精加工余量。
(4) 对件 1 和件 2 的划线样冲眼锯削，注意为后期锉削配合预留尺寸余量。

四、实训考核

根据完成实训的综合情况进行考核，考核项目及评分方法表如表 2-6 所示。

表 2-6　实训考核表

班级		姓名		扣分记录	得分
项目	考核要求	分值	评分细则		
65 两处	根据零件图形的尺寸划线、锯削	15	错误操作一次或各测量项目尺寸误差超量具的测量精度 0.5 mm 以上扣 2 分，扣完为止		
50		15			
5 两处		12			
35 两处		8			
30		8			
26		12			
49		15			
样冲打眼并锯削		15			
总　分		100	总得分		

任务四　正四方零件锉削

任务目标

用锉刀从零件表面锉掉多余的金属，使零件达到图样要求的尺寸、形状和表面粗糙度的操作，称为锉削。锉削加工范围包括平面、台阶面、角度面、曲面、沟槽和各种形状的孔等。

知识链接

锉削是用锉刀对工件表面进行加工的操作，锉削是钳工最基本的操作，应用范围广泛，主要是复杂曲线样板工作面的整形修理、异形模具型腔孔的精加工、零件的锉削配合等。

一、锉削工具

锉刀是锉削的主要工具，锉刀用高碳钢(T12、T13)制成，并经热处理淬硬至 HRC 62～67。目前使用的锉刀的规格用锉身长度表示有 100 mm、125 mm、150 mm、200 mm、250 mm、300 mm、350 mm、400 mm 等多种，锉刀的构造及各部分名称如图 2-15 所示。

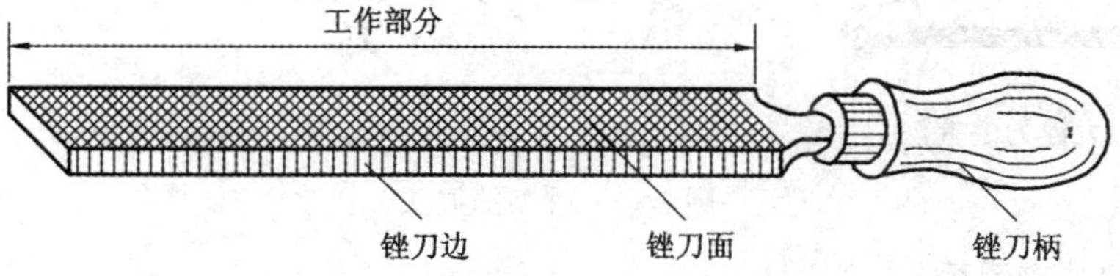

图 2-15　锉刀的构造

锉刀的分类如下：

(1) 按锉齿的大小分为粗齿锉、中齿锉、细齿锉和油光锉等。

(2) 按齿纹分为单齿纹锉刀和双齿纹锉刀。单齿纹锉刀的齿纹只有一个方向，与锉刀中心线成 70°，一般用于锉软金属，如铜、锡、铅等。双齿纹锉刀的齿纹有两个互相交错的排列方向，先剁上去的齿纹叫底齿纹，后剁上去的齿纹叫面齿纹。底齿纹与锉刀中心线成 45°，齿纹间距较疏；面齿纹与锉刀中心线成 65°，间距较密。由于底齿纹和面齿纹的角度不同，间距疏密不同，所以，锉削时锉痕不重叠，锉出来的表面平整而且光滑。

(3) 按断面形状(见图 2-16(a))可分成：板锉(平锉)，用于锉平面、外圆面和凸圆弧面；方锉，用于锉平面和方孔；三角锉，用于锉平面、方孔及 60° 以上的锐角；圆锉，用于锉圆和内弧面；半圆锉，用于锉平面、内弧面和大的圆孔。普通锉刀的规格一般是用锉刀的长度、齿纹类别和锉刀断面形状表示的。

断面形状为异形的特种锉刀，如图 2-16(b)所示，用于加工各种零件的特殊表面。由多把各种形状的特种锉刀所组成的一套“什锦”锉刀，用于修锉小型零件及模具上难以机械加工的部位。

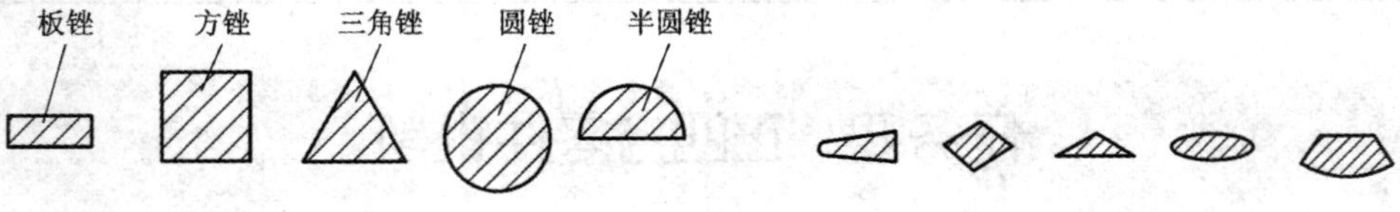

(a) 普通锉刀断面形状　　(b) 特种锉刀断面形状

图 2-16　锉刀断面形状

二、锉削操作方法

1. 锉刀的握法

锉刀的种类较多，规格、大小不一，使用场合也不同，故锉刀握法也应随之改变。如图 2-17(a)所示为大锉刀的握法，如图 2-17(b)所示为中、小锉刀的握法。

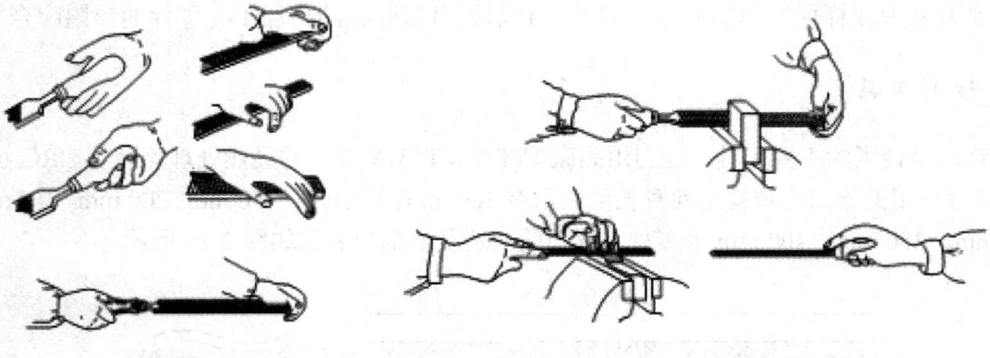
(a) 大锉刀的握法　　(b) 中、小锉刀的握法

图 2-17　锉刀的握法

2. 锉削的站立姿势

锉削时人的站立位置、锉削操作姿势如图 2-18 所示，身体重量放在左脚，右膝要伸直，双脚始终站稳不移动，靠左膝的屈伸而作往复运动。开始时，身体向前倾斜 10° 左

右，右肘尽可能向后收缩，如图 2-18(a)所示。在最初三分之一行程时，身体逐渐前倾至 15° 左右，左膝稍弯曲，如图 2-18(b)所示。其后三分之一行程，右肘向前推进，同时身体也逐渐前倾到 18° 左右，如图 2-18(c)所示。最后三分之一行程，用右手腕将锉刀推进，身体随锉刀向前推的同时自然后退到 15° 左右的位置上，如图 2-18(d)所示。锉削行程结束后，把锉刀略提起一些，身体姿势恢复到起始位置。

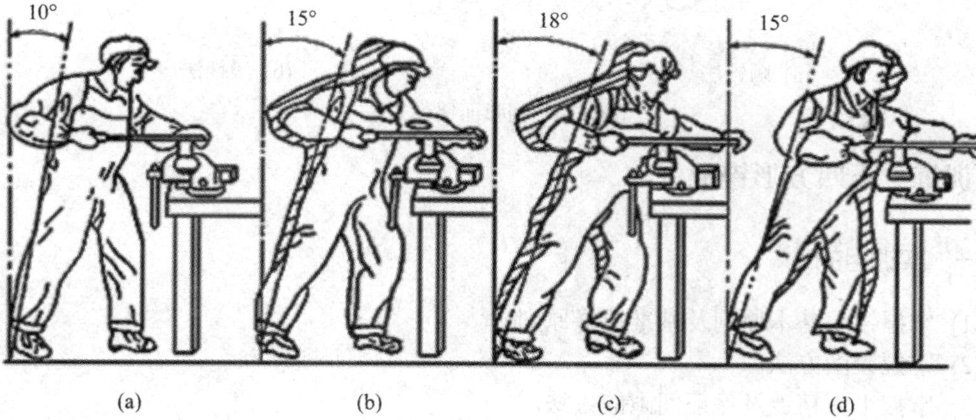

图 2-18　锉削的姿势

在锉削过程中，两手用力也时刻在变化。开始时，左手压力大推力小，右手压力小推力大。随着推锉过程，左手压力逐渐减小，右手压力逐渐增大。锉刀回程时不加压力，以减少锉齿的磨损。锉刀往复运动速度一般为 30 次/min～40 次/min，推出时慢，回程时可快些。

3. 锉削平面

锉削平面的方法有三种：顺向锉法，如图 2-19(a)所示；交叉锉法，如图 2-19(b)所示；推锉法，如图 2-19(c)所示。锉削平面时，锉刀要按一定方向进行锉削，并在锉削回程时稍作平移，这样逐步将整个面锉平。

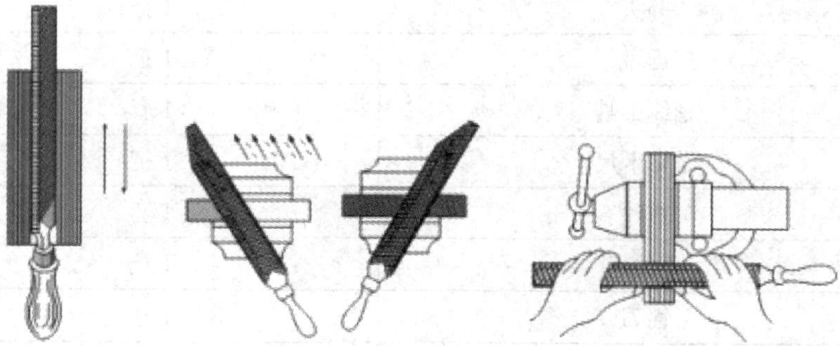

(a) 顺向锉法　(b) 交叉锉法　(c) 推锉法

图 2-19　平面锉削方法

4. 锉削弧面

锉削外圆弧面一般可采用平锉进行锉削，常用的锉削方法有两种。顺锉法如图 2-20(a)所示，是横着圆弧方向锉，可锉成接近圆弧的多棱形(适用于曲面的粗加工)。滚锉法如图 2-20(b)所示，锉刀向前锉削时右手下压，左手随着上提，使锉刀在零件圆弧上作转动。

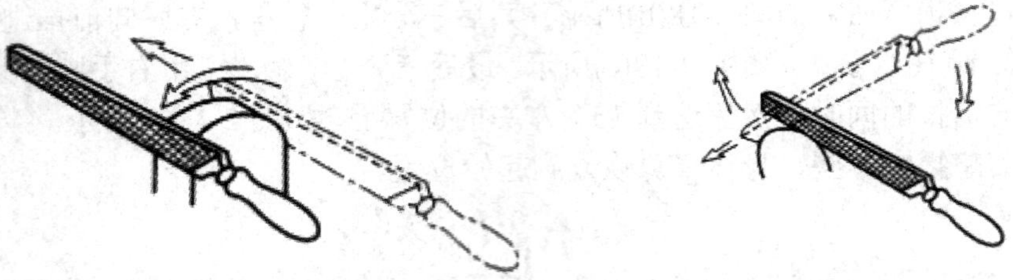

(a) 顺锉法　(b) 滚锉法

图 2-20　圆弧面锉削方法

技能训练　正四方形锉配

一、实训目的

(1) 掌握锉配基本原则及基准选择原则。
(2) 掌握锉削方法。
(3) 掌握平面精锉及保证间隙的方法。

二、实训器材

实训器材要求见表 2-7 所示。

表 2-7　实训器材清单

实 训 器 材	数 量
65 mm × 55 mm × 10 mm 钢板	2 块
台虎钳	1 块
样冲	1 支
榔头	1 把
锯弓	1 把
划线工具	1 套
游标卡尺	1 把
塞尺	1 套
直角尺	1 把
锉刀	1 把
锯条	1 把

三、实训操作

1. 实训零件

实训零件正四方形凹凸件图形如图 2-21 所示，按图要求制作正四方形凹凸配合件。

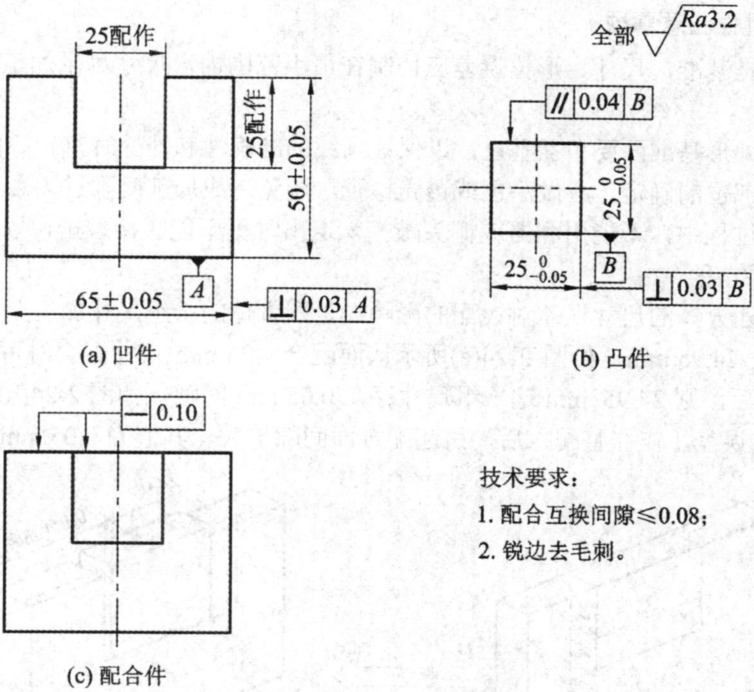

图 2-21　正四方形凹凸锉配图

2. 操作步骤

(1) 检查毛坯材料尺寸是否符合加工要求。

(2) 划线、锯割，去凸件多余坯料。

(3) 按四方体加工方法加工凸件至精度要求。

(4) 锉配凹件正四方形内腔：

① 锉削凹件外表面，保证外形尺寸及形位要求。

② 画出凹件各面基准线，并用加工好的四方校对检验。

③ 用锯条锯割凹件方槽多余料，如图 2-22 所示；然后用锉刀锉至接近基准线，单边留 0.2 mm～0.3 mm 余量作精锉配用。

④ 细锉凹件方槽两侧面和底面，控制两侧尺寸 25 mm 相等，底面尺寸达到图纸 25 mm 要求，并用凸件试配，如图 2-23 所示，达到配合间隙要求。

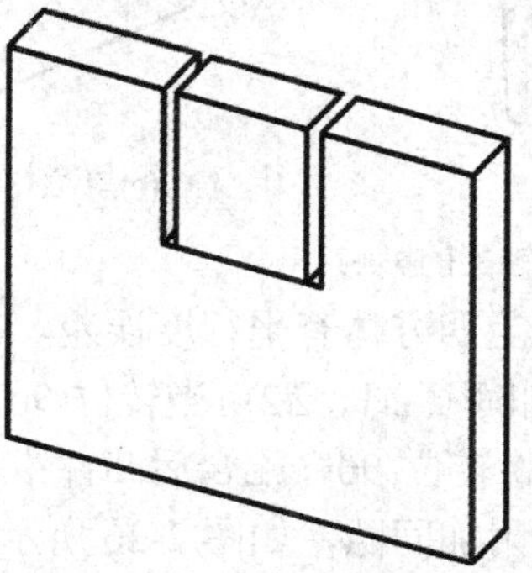

图 2-22　凹件锯余料

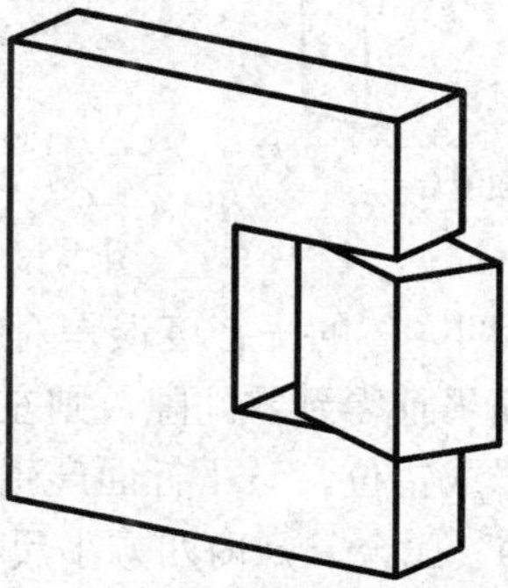

图 2-23　凸件试配方法

(5) 全面检查，作必要修整，锐边去毛刺。

3. 操作过程注意事项

(1) 凸件是基准，尺寸、形位误差应控制在最小范围内，尺寸尽量加工至上偏差，便于修整。

(2) 凹件外形基准面要相互垂直，以保证画线的准确性和锉配时有较好的测量基准。

(3) 锉配部位的确定，应做涂色或透光检查，避免造成局部间隙过大。

(4) 试配过程中，不能用利器或榔头敲打，退出时更不能直接敲击，以免将配合面拉伤变形及表面敲毛。

(5) 凸件四方体的尺寸误差对锉配的影响：若四方体的一组尺寸加工至 25 mm，另一组尺寸加工至 24.95 mm，如图 2-24(a)所示认面配合，25 mm 尺寸配合时可得到零间隙；但在转位 90º 后，则 24.95 mm 这一组尺寸存在 0.05 mm 间隙，如图 2-24(b)所示，另一组尺寸出现错位误差，作修整配入后，引起配合面间隙扩大，其值为 0.05 mm。

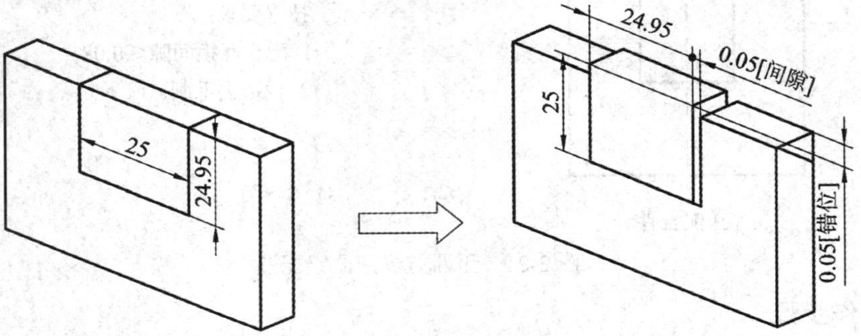

(a) 认面配合　　(b) 转位90° 配合

图 2-24　尺寸误差对锉配的影响

(6) 凸件四方体的垂直度误差对锉配的影响：当四方体的一面有垂直度误差，且在一个位置锉配后得到零间隙，转位 90° 配合后另一面形成错位和间隙，再转位 180° 作修整配合后，产生附加间隙，凸件与凹件配合图形如图 2-25 所示。

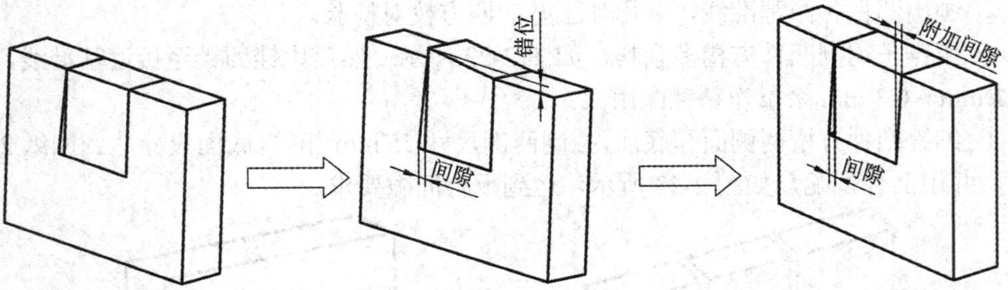

(a) 认面配合　　(b) 转位90° 配合　　(c) 转位180° 配合

图 2-25　垂直度误差对锉配的影响

(7) 凸件四方体的平行度误差对锉配的影响：当四方体有平行度误差，在一个位置锉配后若上下面平行得到零间隙，则左右平行面得到间隙 $\Delta 1$、$\Delta 2$；当转位 90° 配合后，凸件上平行而形成错位，下平行面产生间隙 $\Delta 3$；若将转位 90° 配合后凸件错位部分作修配后再转位 180° 配合，则内四方小尺寸处产生两处附加间隙，如图 2-26 所示。

(8) 四方体的平面度误差对锉配的影响：当四方体加工面出现平面度误差后，将使四方体出现局部间隙或喇叭口。

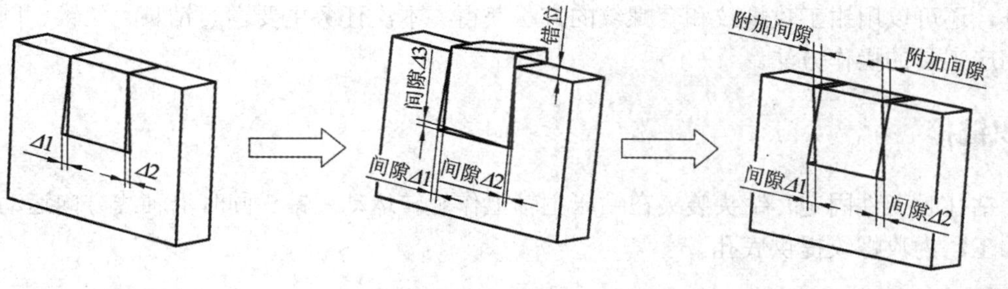

(a) 认面配合　　(b) 转位90° 配合　　(c) 转位180° 配合

图 2-26　平行度误差对锉配的影响

四、实训考核

根据完成实训的综合情况进行考核，考核项目及评分方法如表 2-8 所示。

表 2-8　实训考核表

班级			姓名		扣分记录	得分
项目		考核要求	分值	评分细则		
凸件	1	25　(2)	14	每超一处扣 8 分		
	2	// 0.04 B　(2)	8	每超一处扣 4 分		
	3	⊥ 0.03 B　(4)	12	每超一处扣 3 分		
	4	锉面 $R_a3.2$　(4)	4	每超一处扣 1 分		
凹件	5	65 ± 0.05	7	超差全扣		
	6	50 ± 0.05	7	超差全扣		
	7	⊥ 0.03 A	4	超差全扣		
	8	锉面 $R_a3.2$　(8)	8	每超一处扣 1 分		
配合	9	间隙≤0.08　(12)	24	每超一处扣 2 分		
	10	— 0.10	12	每超一处扣 3 分		
11		安全文明生产	扣分	违者每次扣 2 分，严重者扣 5～10 分		
总　分			100	总得分		

任务五　钻孔、攻螺纹和套螺纹

任务目标

在机械零件上加工内螺纹前需用钻头先加工螺纹底孔，常用的三角螺纹除采用机械加工外，还可以用钳工攻螺纹和套螺纹的方法获得。本次任务主要学习钻头、丝锥、圆板牙等相应工具的操作方法。

知识链接

钻孔时工件固定，钻头装夹在钻床主轴上作旋转运动，钻头同时沿轴线方向运动进行孔加工，为攻螺纹提供底孔。

一、钻孔相关知识

钻孔的尺寸公差等级低，为 IT12～IT11；表面粗糙度大，*Ra* 值为 50 μm～12.5 μm。

1. 标准麻花钻的组成

麻花钻是钻孔的主要刀具，如图 2-27 所示。麻花钻用高速钢制成，工作部分经热处理淬硬至 HRC 62～65。麻花钻由钻柄、颈部和工作部分组成。

(1) 钻柄供装夹和传递动力用，钻柄形状有两种：圆柱柄传递扭矩较小，用于直径 13 mm 以下的钻头；锥柄对中性好，传递扭矩较大，用于直径大于 13 mm 的钻头。

(2) 颈部是磨削工作部分和钻柄时的退刀槽，钻头直径、材料、商标一般刻印在颈部。

(3) 工作部分包括导向部分与切削部分。导向部分如图 2-27 所示，依靠两条狭长的螺旋形的高出齿背约 0.5 mm～1 mm 的棱边(刃带)起导向作用。它的直径前大后小，略有倒锥度。倒锥量为(0.03～0.12) mm/100 mm，可以减少钻头与孔壁间的摩擦。导向部分经铣、磨或轧制形成两条对称的螺旋槽，用以排出切屑和输送切削液。切削部分是钻孔时保证孔中心定位和钻削出切屑的，钻头的顶角通常为 118°。

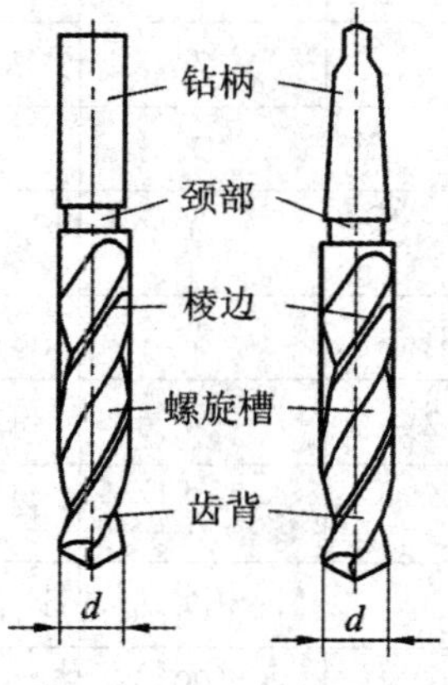

图 2-27　标准麻花钻头的结构

2. 零件的夹持

钻孔时零件的夹持方法与零件的生产批量及孔的加工要求有关。生产批量较大或精度要求较高时，零件一般是用钻模来装夹的；单件小批生产或加工要求较低时，零件经划线确定孔中心位置后，多数装夹在通用夹具或工作台上钻孔。常用的附件有手虎钳、平口虎钳、V 形铁和压板螺钉等，如图 2-28 所示。这些工具的使用与零件形状及孔径大小有关。

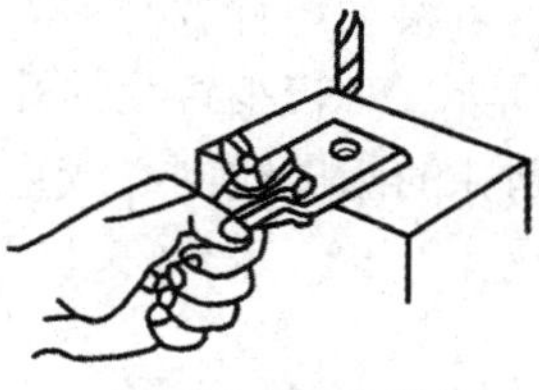

(a) 手虎钳夹持零件

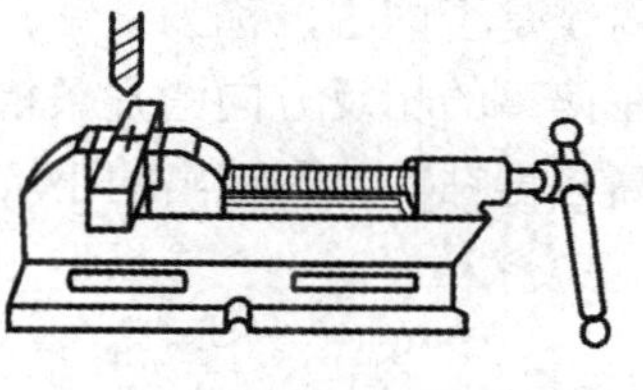

(b) 平口虎钳夹持零件

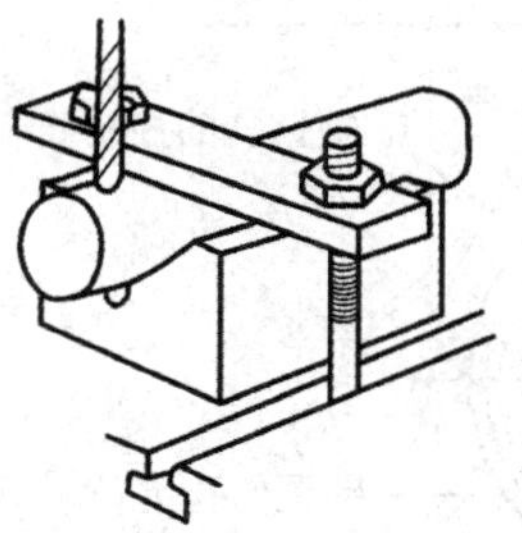

(c) V形铁夹持零件

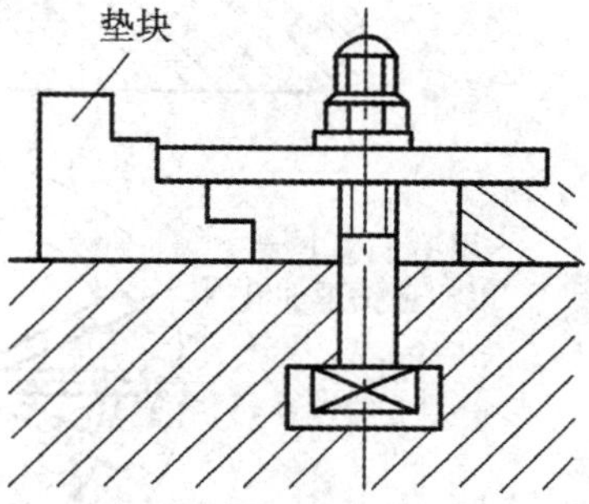

(d) 压板螺钉夹持零件

图 2-28　零件的夹持方法

3. 钻头的装夹

钻头的装夹方法按其柄部的不同而异。锥柄钻头可以直接装入钻床主轴锥孔内，较小的钻头可用过渡套筒安装，如图 2-29(a)所示。直柄钻头用钻夹头安装，如图 2-29(b)所示。钻夹头(或过渡套筒)的拆卸方法是将楔铁插入钻床主轴侧边的扁孔内，左手握住钻夹头，右手用锤子敲击楔铁卸下钻夹头，如图 2-29(c)所示。

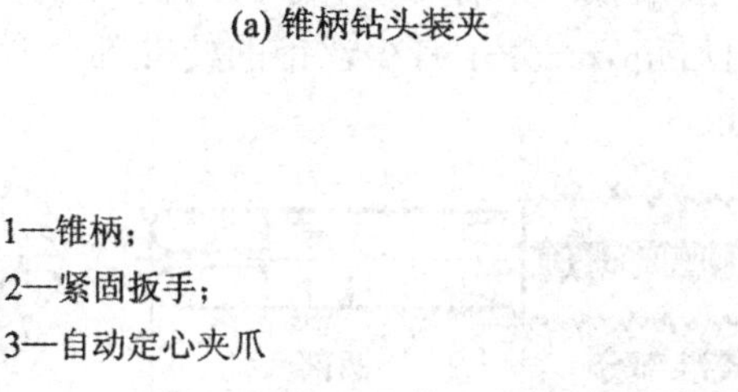

(a) 锥柄钻头装夹

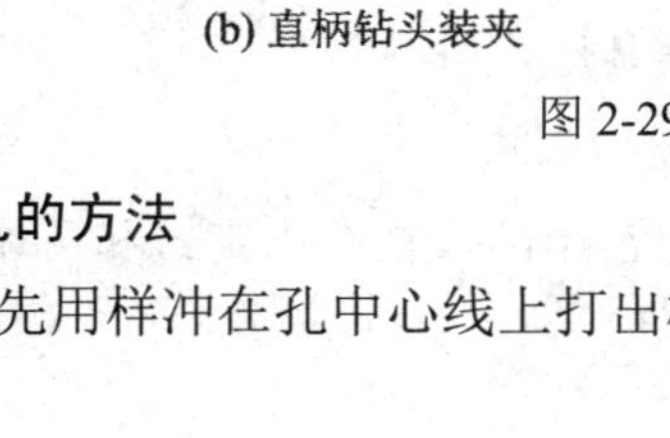

(b) 直柄钻头装夹

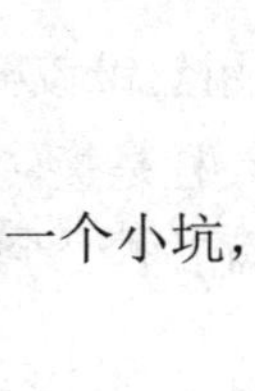

(c) 拆卸

图 2-29　钻头安装与拆卸

4. 钻孔的方法

钻孔前先用样冲在孔中心线上打出样冲眼，用钻尖对准样冲眼锪一个小坑，检查小坑与所划孔的圆周线是否同心，称为试钻。如稍有偏离，可移动零件找正，若偏离较多，可用尖凿或样冲在偏离的相反方向凿几条槽，如图 2-30 所示。对较小直径的孔也可在偏离的方向用垫铁垫高些再钻。直到钻出的小坑完整，与所划孔的圆周线同心或重合时才可正式钻孔。

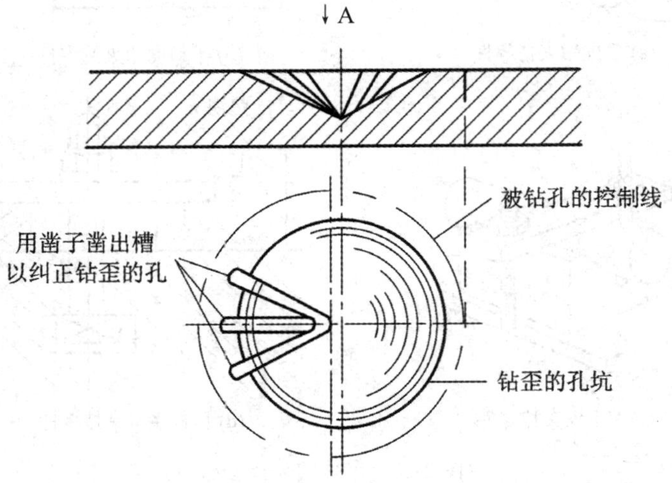

A 向视图

图 2-30　钻孔的方法

二、攻螺纹

攻螺纹是用丝锥加工出内螺纹，丝锥的材料常用高碳优质工具钢或高速钢，手用丝锥一般用 T12A 或 9SiCr 制造。

1. 丝锥的结构

丝锥是加工小直径内螺纹的成形工具，如图 2-31 所示。它由切削部分、校准部分和柄部组成。切削部分磨出锥角，以便将切削负荷分配在几个刀齿上，校准部分有完整的齿形，用于校准已切出的螺纹，并引导丝锥沿轴向运动。柄部有方榫，便于装在铰手内传递扭矩。丝锥切削部分和校准部分一般沿轴向开有 3～4 条容屑槽以容纳切屑，并在切削刃和前角 γ 切削部分的锥面上铲磨出后角 α。为了减少丝锥的校准部分对零件材料的摩擦和挤压，丝锥的外、中径均有倒锥度。

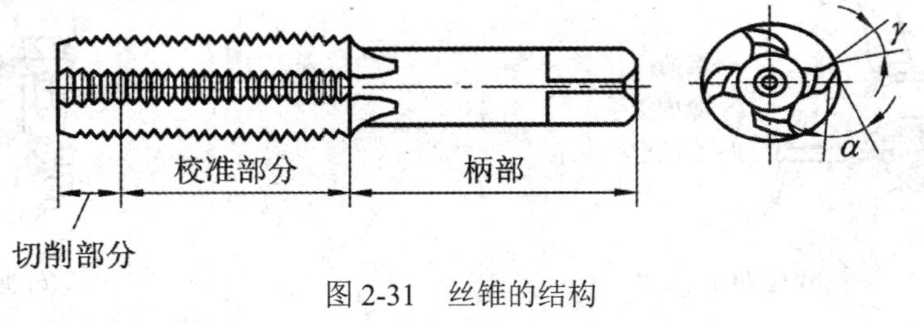

图 2-31　丝锥的结构

2. 手用丝锥铰杠

丝锥铰杠是扳转丝锥的工具，如图 2-32 所示。常用的铰杠有固定式和可调节式，可调节式可夹持各种不同尺寸的丝锥。

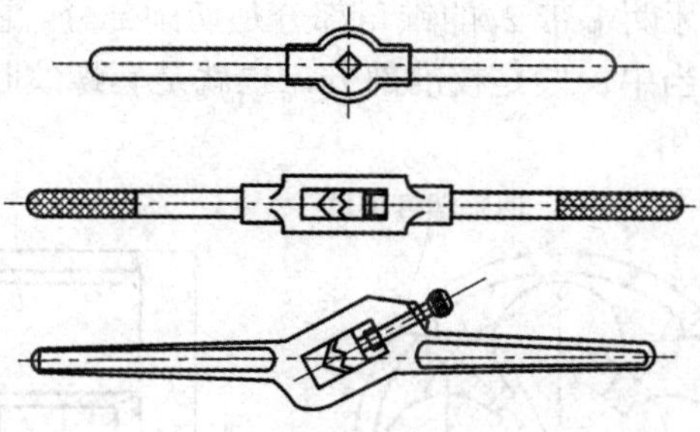

图 2-32 手用丝锥铰杠

3. 攻螺纹的方法

(1) 攻螺纹前先钻底孔，其孔径 d(钻头直径)略大于螺纹底径。其选用钻头尺寸可查表或按下列经验公式计算攻普通螺纹：

加工钢料及塑性金属时：

$$d = D - p$$

加工铸铁及脆性金属时：

$$d = D - 1.1p$$

式中：D——螺纹基本尺寸；

p——螺距

若孔为盲孔，由于丝锥不能攻到底，所以钻孔深度要大于螺纹长度，孔深尺寸按下式计算：

$$孔的深度 = 螺纹长度 + 0.7D$$

(2) 手工攻螺纹的方法，如图 2-33 所示。双手转动铰杠，并轴向加压力，当丝锥切入零件 1～2 牙时，用 90° 角尺检查丝锥是否歪斜，如丝锥歪斜，要纠正后再往下攻。当丝锥位置与螺纹底孔端面垂直后，轴向就不再加压力，两手均匀用力。为避免切屑堵塞，要经常倒转 1/2 圈～1/4 圈，以达到断屑。头锥、二锥应依次攻入。攻铸铁材料螺纹时加煤油而不加切削液，钢件材料加切削液，以保证表面粗糙度要求。

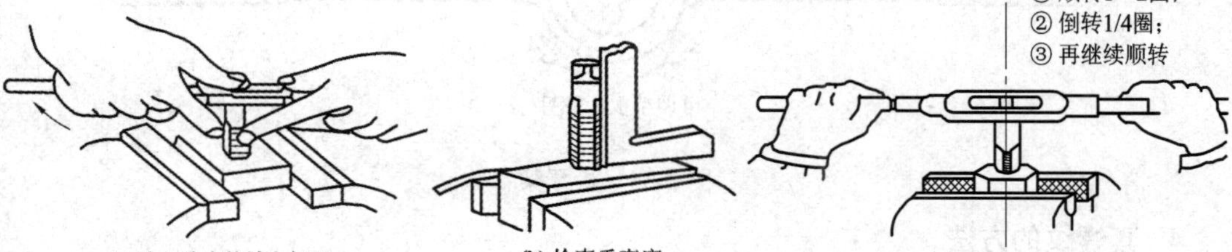

(a) 攻入孔内前轴向加压　　(b) 检查垂直度　　(c) 攻入螺纹时的方法

图 2-33 手工攻螺纹的方法

三、套螺纹

套螺纹是用板牙在圆杆上加工出外螺纹。常用工具有圆板牙、圆锥管螺纹板牙等。

1. 圆板牙

板牙是加工外螺纹的工具。圆板牙如图 2-34 所示，就像一个圆螺母，不过上面钻有几个屑孔并形成切削刃。板牙两端带 2ϕ的锥角部分是切削部分。它是铲磨出来的阿基米德螺旋面，有一定的后角 α。当中一段是校准部分，也就是套螺纹时的导向部分。板牙一端的切削部分磨损后可掉头使用。

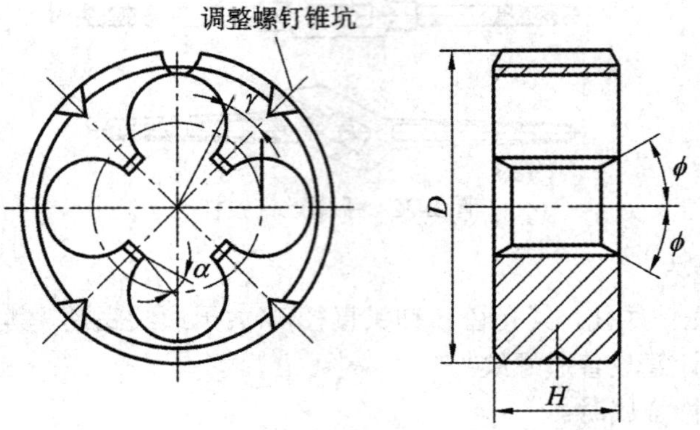

图 2-34　圆板牙

用圆板牙套螺纹的精度比较低，可用它加工的螺纹精度等级为 6g、表面粗糙度 *Ra* 值为 6.3 μm～3.2 μm 的螺纹。圆板牙一般用合金工具钢 9SiCr 或高速钢 W18Cr4V 制造。

2. 圆锥管螺纹板牙

圆锥管螺纹板牙的基本结构与圆板牙一样，因为管螺纹有锥度，所以只在单面制成切削锥。这种板牙所有切削刃都参加切削，板牙在零件上的切削长度影响管子与相配件的配合尺寸，套螺纹时要用相配件旋入管子来检查是否满足配合要求。

3. 板牙架

手工套螺纹时需要用板牙架，如图 2-35 所示。

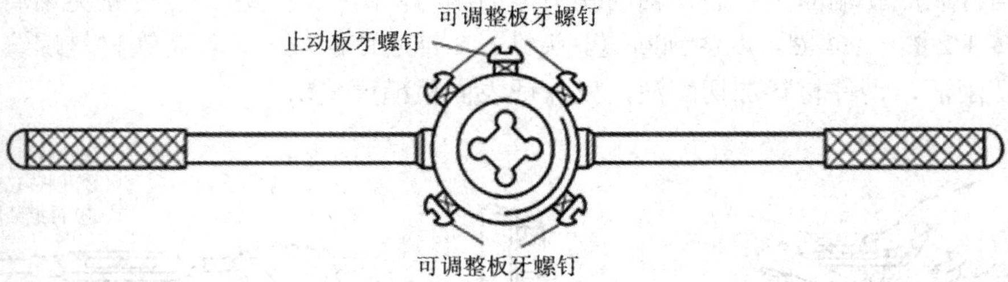

图 2-35　板牙架

4. 套螺纹的方法

(1) 套螺纹前零件直径的确定。

确定螺杆的直径可直接查表，也可按螺杆直径 $d=D-0.13p$(D 为螺纹大径，p 为螺距)的经验公式计算。

(2) 套螺纹的操作。

套螺纹的方法如图 2-36 所示，安装板牙架，将板牙套在圆杆头部倒角处，并保持板牙与圆杆垂直。右手握住板牙架的中间部分，加适当压力，左手将板牙架的手柄顺时针方向转动，在板牙切入圆杆 2～3 牙时，应检查板牙是否歪斜，若发现歪斜，应纠正后再套，当板牙位置正确后，再往下套就不加压力。套螺纹和攻螺纹一样，应经常倒转以切断切屑。套螺纹应加切削液，以保证螺纹表面粗糙度要求。

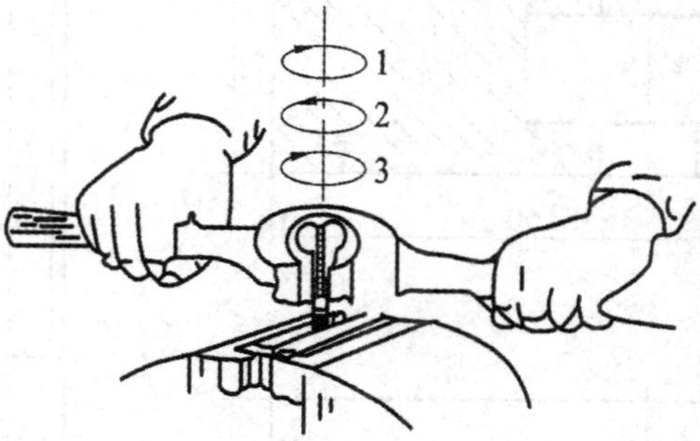

图 2-36　套螺纹的方法

技能训练　螺纹连接零件制作

一、实训目的

(1) 掌握台式钻床钻孔加工的操作方法。
(2) 掌握攻螺纹与套螺纹的操作方法。
(3) 掌握丝锥折断和攻螺纹、套螺纹的废品产生的原因和防止方法。

二、实训器材

实训器材要求如表 2-9 所示。

表 2-9　实训器材清单

实 训 器 材	数 量	实 训 器 材	数 量
55 mm × 25 mm × 25 mm 钢材	2 块	直角尺	1 把
台虎钳	1 块	锉刀	1 把
样冲	1 支	锯条	1 把
榔头	1 把	ϕ10 钻头	1 支
锯弓	1 把	M12 丝锥	1 套
划线工具	1 套	M12 圆板牙	1 套
游标卡尺	1 把	ϕ12 mm × 100 mm 圆钢	1 根
塞尺	1 套		

三、实训操作

1. 实训零件

实训零件螺纹连接零件图如图 2-37 所示。

2. 加工步骤

(1) 检查毛坯材料尺寸是否符合加工要求。

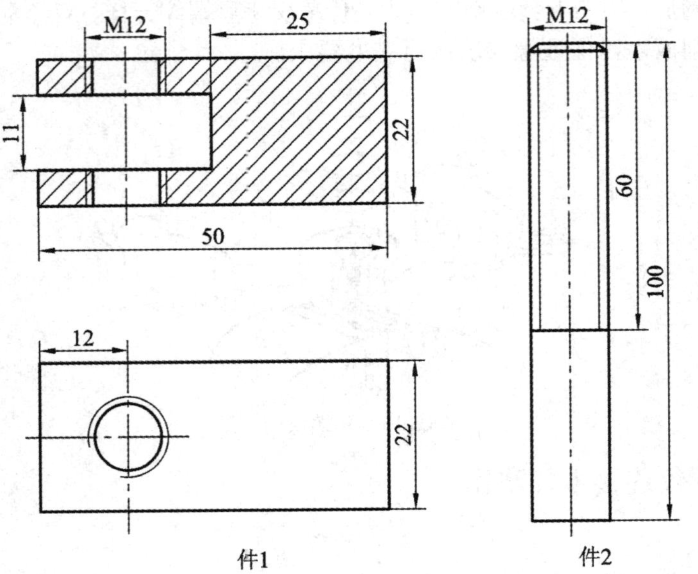

图 2-37　螺纹连接零件图

(2) 件 1 划线、锉削加工，达到连接件 50 mm × 22 mm × 22 mm 外形尺寸。

(3) 加工件 1 凹槽，钻削加工去除多余材料，锯削加工进行粗加工，锉削加工进行精加工，保证角度尺寸 90° 垂直，宽度尺寸 11 mm，高度尺寸 25 mm，使用游标卡尺及万能角度尺检验。

(4) 选择 M12 丝锥加工内螺丝 M12。

(5) 选择 ϕ12 mm × 100 mm 圆钢和 M12 圆板牙进行件 2 螺杆加工。

(6) 连接螺纹并全面检查，作必要修整，锐边去毛刺。

四、实训考核

根据完成实训的综合情况进行考核，考核项目及评分方法如表 2-10 所示。

表 2-10　实训考核表

班 级		姓名		扣分记录	得分
项 目	考核要求	分值	评分细则		
22 mm × 22 mm 尺寸	根据零件图形的尺寸选择相应划线工具	15	各测量项目尺寸误差超量具的测量精度 0.1 mm 以上扣 2 分，扣完为止		
50 mm 尺寸		15			
11 mm 尺寸		12			
M12 内螺纹		8			
M12 螺杆		8			
表面粗糙度		12			
锉纹整齐、一致		15			
安全文明生产		15			
总 分		100	总得分		

任务六　机器人底座装配

任务目标

装配是机器制造中的最后一道工序，因此，它是保证机器达到各项技术要求的关键。装配工作的好坏，对产品质量起着决定性的作用。装配是钳工一项非常重要的工作。本任务学习装配的类型与装配过程、装配方法等。

知识链接

装配是按照规定的技术要求，将零件组装成机器，并经过调整、试验，使之成为合格产品的工艺过程。

一、装配的类型与装配过程

1. 装配类型

装配类型一般包括组件装配、部件装配和总装配。

组件装配是将两个以上的零件连接组合成为组件的过程，例如曲轴、齿轮等零件组成一根传动轴系的装配。

部件装配是将组件、零件连接组合成独立机构(部件)的过程。例如车床主轴箱、进给箱等的装配。

总装配是将部件、组件和零件连接组合成为整台机器的过程。

2. 装配过程

机器的装配过程一般由三个阶段组成：一是装配前的准备阶段，二是装配阶段(部件装配和总装配)，三是调整、检验和试车阶段。

装配过程一般是先下后上，先内后外，先难后易，先装配保证机器精度的部分，后装配一般部分。

二、装配方法

1. 完全互换法

装配时，在各类零件中任意取出要装配的零件，不需任何修配就可以装配，并能完全符合质量要求。装配精度由零件的制造精度保证。

2. 选配法(不完全互换法)

按选配法装配的零件，在设计时其制造公差可适当放大。装配前，按照严格的尺寸范围将零件分成若干组，然后将对应的各组配合件装配在一起，以达到所要求的装配精度。

3. 修配法

当装配精度要求较高，采用完全互换法不够经济时，常用修正某个配合零件的方法来达到规定的装配精度。如车床两顶尖不等高，装配时可通过刮尾架底座来达到精度要求等。

4. 调整法

调整法比修配法方便，也能达到很高的装配精度，在大批生产或单件生产中都可采用此法。但由于增设了调整用的零件，部件结构显得复杂，而且刚性降低。

三、装配前的准备工作

装配是机器制造的重要阶段，装配质量的好坏对机器的性能和使用寿命影响很大。装配不良的机器，其性能将会降低，消耗的功率增加，使用寿命减短。因此，装配前必须认真做好以下几点准备工作：

(1) 研究和熟悉产品图样，了解产品结构以及零件作用和相互连接关系，掌握其技术要求。

(2) 确定装配方法、程序和所需的工具。

(3) 备齐零件，进行清洗、涂防护润滑油。

技能训练　RB08 搬运机器人底座装配

一、实训目的

(1) 掌握机械装配的工艺流程。

(2) 掌握装配职业、行业标准、操作规程，进行安全文明操作。

二、实训器材

实训器材要求如表 2-11 所示。

表 2-11　实训器材清单

实 训 器 材	数 量
RB08 搬运机器底座	1 台
实 训 器 材	数 量
内六角扳手	1 套
活动扳手 12 寸	1 把
铜棒	1 根

三、实训操作

1. 螺纹连接

螺纹连接常用零件有螺钉、螺母、双头螺栓及各种专用螺纹等。螺纹连接是现代机械制造中应用最广泛的一种连接形式，它具有紧固可靠、装拆简便、调整和更换方便、宜于多次拆装等优点。常见的螺纹连接类型如图 2-38 所示。

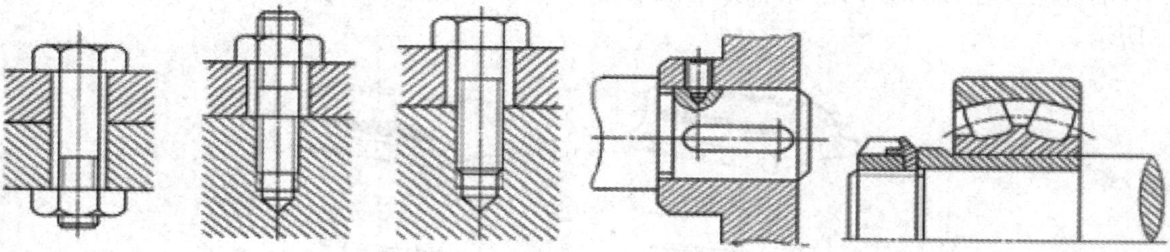

(a) 螺栓连接　(b) 双头螺栓连接　(c) 螺钉连接　(d) 螺钉固定　(e) 圆螺母固定

图 2-38　常见的螺纹连接类型

2. 机器人底座和其他轴安装时螺钉紧固顺序

在紧固成组螺钉、螺母时，为使紧固件的配合面上受力均匀，应按一定的顺序来拧紧。如图 2-39 所示为两种拧紧顺序的实例。按图中数字顺序拧紧，可避免被连接件的偏斜、翘曲和受力不均，而且每个螺钉或螺母不能一次就完全拧紧，应按顺序分 2～3 次才完全拧紧。

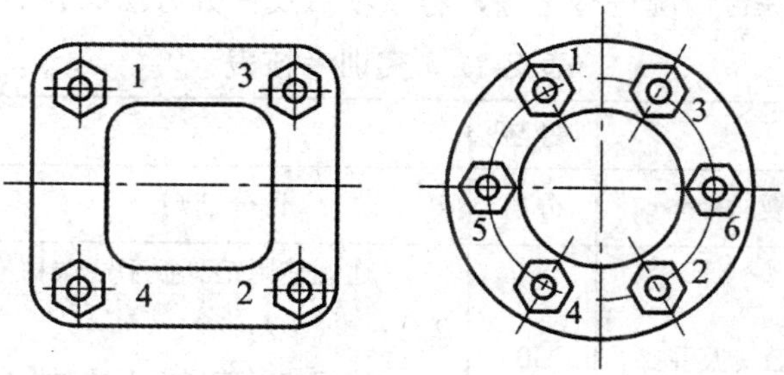

图 2-39　拧紧成组螺母顺序

3. 滚动轴承的装配

滚动轴承的配合多数为较小的过盈配合，常用手锤或压力机采用压入法装配。为了使轴承圈受力均匀，常采用垫套加压。轴承压到轴颈上时应施力于内圈端面，如图 2-40(a)所示；轴承压到座孔中时，要施力于外环端面上，如图 2-40(b)所示；若同时压到轴颈和座孔中时，垫套应能同时对轴承内外端面施力，如图 2-40(c)所示。

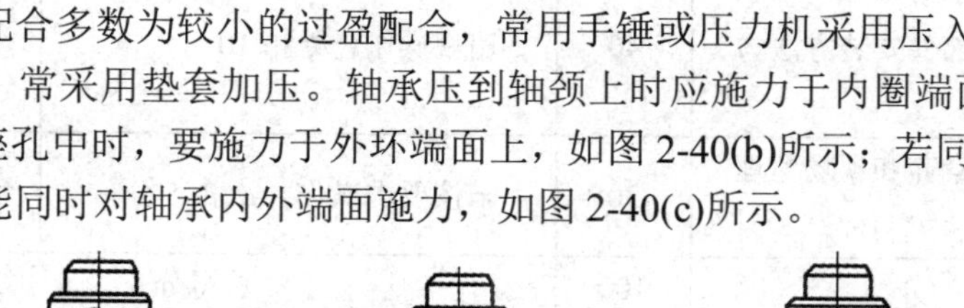

(a) 施力于内圈端面　(b) 施力于外环端面　(c) 施力于内外环端面

图 2-40　滚动轴承的装配

4. 齿轮的装配

齿轮装配的主要技术要求是保证齿轮传递运动的准确性、平稳性，轮齿表面接触斑点和齿侧间隙合乎要求等。

齿轮表面接触斑点可用涂色法检验。先在主动轮的工作齿面上涂上红丹粉，使相啮合的齿轮在轻微制动下运转，然后看从动轮啮合齿面上接触斑点的位置和大小，如图 2-41 所示。

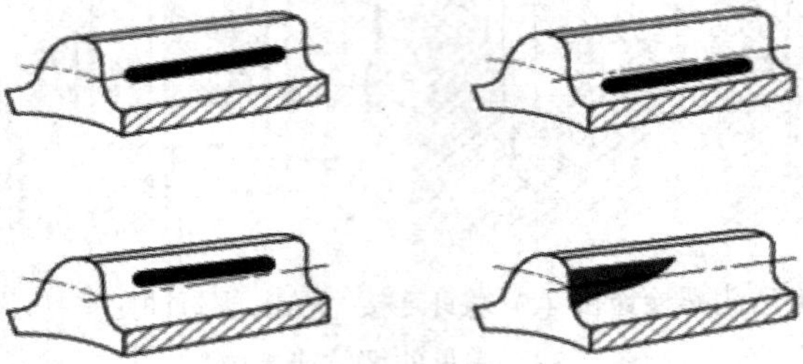

图 2-41　用涂色法检验啮合情况

齿侧间隙一般可用塞尺插入齿侧间隙中检查。塞尺是由一套厚薄不同的钢片组成，每片的厚度都标在它的表面上。

四、实训考核

根据完成实训的综合情况进行考核，考核项目及评分方法如表 2-12 所示。

表 2-12　实训考核表

班级		姓名		扣分记录	得分
项目	考核要求	分值	评分细则		
工具使用	正确选用工具扳手	30	1. 违规使用工具扳手一次扣 2 分； 2. 违规使用工具扳手导致报废扣 30 分		
零件安装维护	按要求对螺钉、轴承、齿轮等部件安装方法与维护	40	违规操作一处扣 10 分		
现场整理	职业素养和现场整理(6S 相关内容)	30	未按要求操作一次扣 5 分		
总　分		100	总得分		

项 目 小 结

钳工是机械制造中重要的工种之一，在机械生产过程中起着重要的作用。

钳工是手持工具对金属表面进行切削加工的一种方法。钳工的工作特点是灵活、机动，不受进刀方面位置的限制。钳工在机械制造中的作用是：生产前的准备；单件小批生产中的部分加工；生产工具的调整；设备的维修和产品的装配等。工作内容一般分为划线、锯削、錾削、锉削、刮削、钻孔、铰孔、攻螺纹、套螺纹、研磨、矫正、弯曲、铆接和装配等。

钳工按照专业性质分为普通钳工、划线钳工、模具钳工、刮研钳工、装配钳工、机修钳工和管子钳工等。

钳工主要是手工作业，所以作业的质量和效率在很大程度上依赖于操作者的技艺和熟练程度。

思考与练习

一、简述题

(1) 钳工主要工作包括哪些？

(2) 锉削的平面产生中凸的缺陷是怎样造成的？解决方法有哪些？

(3) 试钻时，钻头中心偏离准确位置应如何纠正？

(4) 什么是攻螺纹？什么是套螺纹？

(5) 划线工具有几类？如何正确使用？

(6) 如何提高装配质量和效率？

二、技能训练操作

滑块配合件 (钳工中级职业资格证考试题)

按照图 2-42 所示各尺寸要求，将零件制作出来。

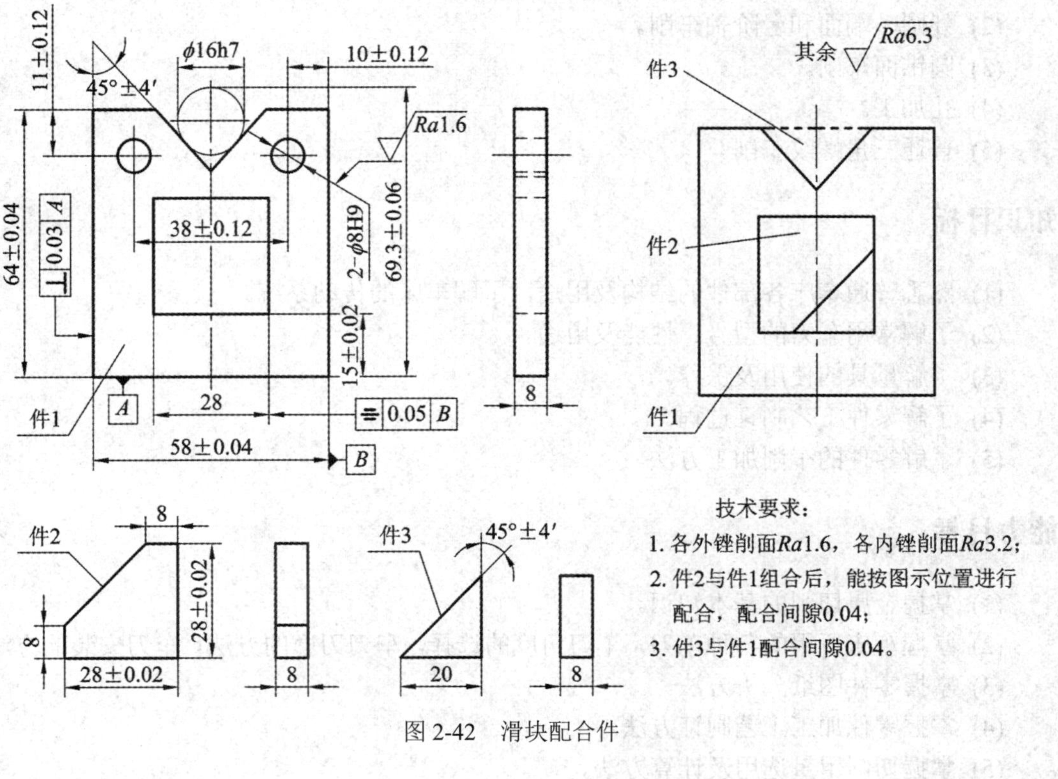

图 2-42　滑块配合件

实训项目三　普通车床车削工艺与技能

项目分析

普通车床是对轴、盘、环等多种类型工件进行多工序加工的机床，常用于加工零件的内外回转表面、端面和各种内外螺纹，采用相应的刀具和附件，还可以进行钻孔、扩孔、攻丝和滚花等加工。

通过本任务的学习，使学生掌握中等复杂零件的工艺性分析，车削加工工艺设计，车削刀具选择、刃磨及安装，车削加工工件装夹及零件的车削加工，零件的精度检测及其质量合格与否的判断，普通车床的维护与保养，机床安全操作规程及文明生产等基本知识技能。本项目将知识点与技能点有机结合，使学生在专业知识综合应用能力、素质和学科竞赛等方面有很大提高。

本任务需要完成以下内容：

(1) 车削加工基础知识与安全操作规程。

(2) 外圆、端面和台阶轴车削。

(3) 圆锥面车削。

(4) 孔加工。

(5) 普通三角螺纹车削。

知识目标

(1) 熟悉普通车床各部件的结构及用途，了解车床的传动系统。

(2) 了解常用车刀的型号、性能及用途。

(3) 了解量具的使用及保养。

(4) 了解零件工艺制订过程。

(5) 了解零件的车削加工方法。

能力目标

(1) 掌握金属切削的基本知识。

(2) 掌握车床所用的各种车刀，车刀角度的选择，车刀刃磨的方法，车刀安装的方法。

(3) 掌握零件图纸分析方法。

(4) 掌握零件加工工艺制订方法。

(5) 掌握切削用量选用及计算方法。

(6) 掌握回转体零件加工方法。

(7) 掌握零件尺寸精度的检测方法。

(8) 掌握普通车床设备的维护与保养技能。

任务一　车削加工基础知识与安全操作规程

任务目标

掌握车床、车刀及常用工具的分类和使用，了解安全文明操作规程。

知识链接

一、安全文明操作规程

1. 普通车床操作规程

(1) 操作前要穿好防护服，袖口扣紧，上衣下摆不能敞开，严禁戴手套，不得在开动的机床旁穿、脱、换衣服，防止机器绞伤。女生必须戴好工作帽，辫子应放入帽内，不得穿裙子、拖鞋。要戴好防护镜，以防切屑溅入伤眼。

(2) 车床开动前，必须按照安全操作要求正确穿戴好劳动保护用品，必须认真仔细检查机床各部件和防护装置是否完好，加注机油润滑机床各部件，并低速空载运行 2～3 分钟，检查机床运转是否正常。

(3) 装卸卡盘和大工件时，要检查周围有无障碍物，垫好木板以保护机床导轨面；车偏重的大工件时要找好平衡，工件及工具的装夹要牢固，防止工件或工具松动；卡盘扳手、套筒扳手使用完毕应及时取出，放置在工具桌上。

(4) 严禁用手触摸机床的旋转部件，严禁隔着机床传递物件。清除铁屑应用刷子或钩子，严禁用手清理。

(5) 机床运转时不准测量工件，不准用手去停止转动的卡盘；用砂纸时应放在锉刀上，严禁戴手套用砂纸打磨工件内外表面。

(6) 按机床技术要求选择合理的切削用量，以免机床过载造成意外事故。

(7) 车削细长轴类零件须使用中心架，防止工件弯曲变形伤人；伸入床头的棒料长度不超过床头主轴之外，并低速车削加工。

(8) 高速切削时应有防护罩，工件、工具的装夹要牢固，当铁屑飞溅严重时，应在机床周围安装挡板与操作区隔离。

(9) 机床运转过程中操作者不能离开机床，发现机床运转不正常时，应立即停车检查，突然停电时，应立即关闭机床电源，并将刀具退出至安全位置。

(10) 操作者工作时必须侧身站在操作位置，禁止身体正面对着转动的工件。

(11) 工作结束时，依次关闭机床电源、总电源，将刀具和工件从工作部位退出，对工、夹、量具清理归类放置，并清扫机床及其周围地面卫生。

2. 安全技术规程

(1) 车床纵向或横向自动进给时，严禁大溜板或中溜板超过极限位置，防止溜板脱落或碰撞卡盘。

(2) 车床变换转速时必须主轴完全停止后方可进行，发现机床运转有不正常现象，应立即停车检查并报告老师。

(3) 一组多人时，只允许一人操作机床，严禁两人同时操作。

3. 5S、6S 管理

5S 标准是整理(SEIRI)、整顿(SEITON)、清扫(SEISO)、清洁(SEIKETSU)和素养(SHITSUKE)这五个词的缩写，6S 是在 5S 基础上的完善。

6S 标准的内容如下：

(1) 整理(SEIRI)——将工作场所的任何物品区分为有必要和没有必要的，除了有必要的留下来，其他的都消除掉。

目的：腾出空间，塑造清爽的工作场所。

(2) 整顿(SEITON)——把留下来的必要用的物品依规定位置摆放，并放置整齐加以标识。

机加车间通道以标志线为准划分为以下区域：

① 物料区域：物料区域可细分为原材料区，半成品区，成品区，合格区，不良品区，废料(物)回收区，工具存放区等。

② 设备区域：可移动的设备需划线定位，不可移动的设备可以不划线定位，配电柜、酸、碱、气瓶及燃油等危险物必须划线定位。

目的：工作场所一目了然，减少寻找物品的时间，消除过多的积压物品。

(3) 清扫(SEISO)——将工作场所内看得见与看不见的地方清扫干净，保持工作场所干净、美好的环境。

目的：稳定品质，减少工业伤害。

(4) 清洁(SEIKETSU)——将整理、整顿、清扫进行到底，并且制度化，经常保持环境外在美观的状态。

目的：创造明朗现场，维持安全的工作环境。

(5) 素养(SHITSUKE)——每位成员养成良好的习惯，并遵守规则做事，培养积极主动的精神(也称习惯性)。

目的：培养有好习惯、遵守规则的员工，营造团队精神。

(6) 安全(SECURITY)——重视成员安全教育，每时每刻都谨记安全第一观念，防患于未然。

目的：建立起安全生产的环境，所有的工作应建立在安全的前提下。

二、普通车床结构

普通车床的基本结构如图 3-1 所示。

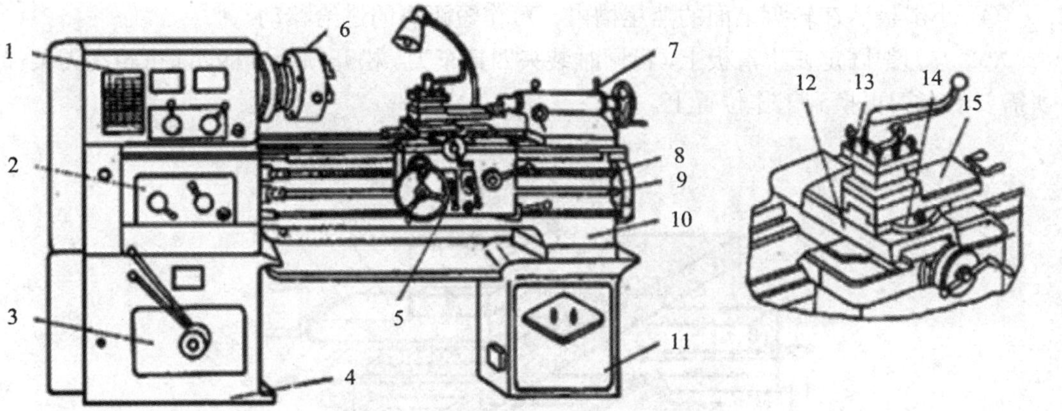

1—床头箱；2—进给箱；3—变速箱；4—前床脚；5—溜板箱；6—主轴卡盘；7—尾架；8—丝杠；9—光杠；10—床身；11—后床脚；12—中滑板；13—方刀架；14—刻度转盘；15—小滑板

图 3-1　普通车床结构

(1) 主轴箱，又称床头箱，内装主轴和变速机构。变速是通过改变设在床头箱外面的手柄位置，可使主轴获得 12 种不同的转速(45 r/min～1980 r/min)。主轴是空心结构，能通过长棒料，棒料能通过主轴孔的最大直径是 29 mm。主轴的右端用螺纹连接卡盘、拨盘等附件。床头箱的另一重要作用是将运动传给进给箱，带动刀架的进给运动。

(2) 进给箱，又称走刀箱，它是进给运动的变速机构，主要固定在床头箱下部的床身前侧面。变换进给箱外面的手柄位置，可将床头箱内主轴传递下来的运动，转为进给箱输出的光杠或丝杠获得不同的转速，以改变进给量的大小或车削不同螺距的螺纹。其纵向进给量为(0.06～0.83)mm/r；横向进给量为(0.04～0.78)mm/r；可车削 17 种公制螺纹(螺距为 0.5 mm～9 mm)和 32 种英制螺纹(每英寸 2～38 牙)。

(3) 变速箱，安装在车床前床脚的内腔中，并由电动机(4.5 kw，1440 r/min)通过联轴器直接驱动变速箱中齿轮传动轴。变速箱外设有两个长的手柄，能分别移动传动轴上的双联滑移齿轮和三联滑移齿轮，可共获 6 种转速，通过皮带传动至床头箱。

(4) 溜板箱，又称拖板箱，是进给运动的操纵机构。通过相对应的齿轮与齿条、丝杠与开合螺母配合带动光杠或丝杠做旋转运动，以此机构推动刀架作进给运动。溜板箱上有三层滑板，当接通光杠时，可使床鞍带动中滑板、小滑板及刀架沿床身导轨作纵向移动；中滑板可带动小滑板及刀架沿床鞍上的导轨作横向移动，故刀架可作纵向或横向直线进给运动。当接通丝杠并闭合开合螺母时可车削螺纹。溜板箱内设有互锁机构，使光杠、丝杠两者不能同时使用。

(5) 刀架，是用来装夹车刀的，可在机床导轨上作纵向、横向及斜向运动。

普通车床的溜板箱和刀架结构如图 3-2 所示。

① 溜板箱与床鞍牢固相连，可沿床身导轨作纵向移动。

② 中滑板装置在床鞍顶面的横向导轨上，可作横向移动。

③ 转盘固定在中滑板上，松开紧固螺母后，可转动转盘与床身导轨形成一个所需要的角度，而后再拧紧螺母，以加工圆锥面等。

④ 小滑板装在转盘上面的燕尾槽内，可作短距离的进给移动。

⑤ 方刀架固定在小滑板上，可同时装夹四把车刀。松开锁紧手柄，即可转动刀架，把所需要的车刀更换到工作位置上。

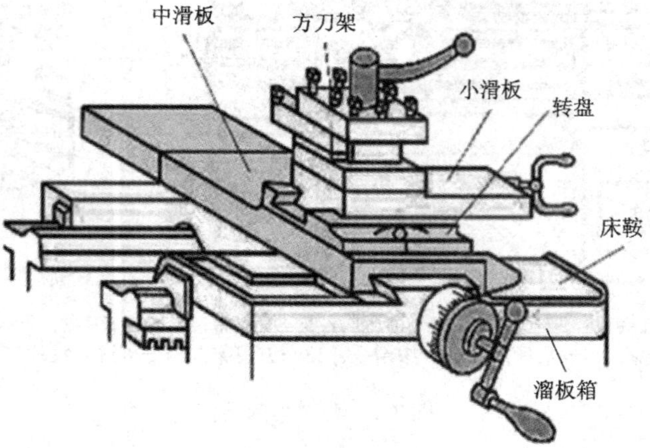

图 3-2　刀架

(6) 尾座，用于安装后顶尖，以支持较长工件进行加工，也可以安装钻头、铰刀等刀具进行孔加工。偏移尾座体可以车削加工长锥度工件。尾座的结构由下列部分组成。如图 3-3 所示。

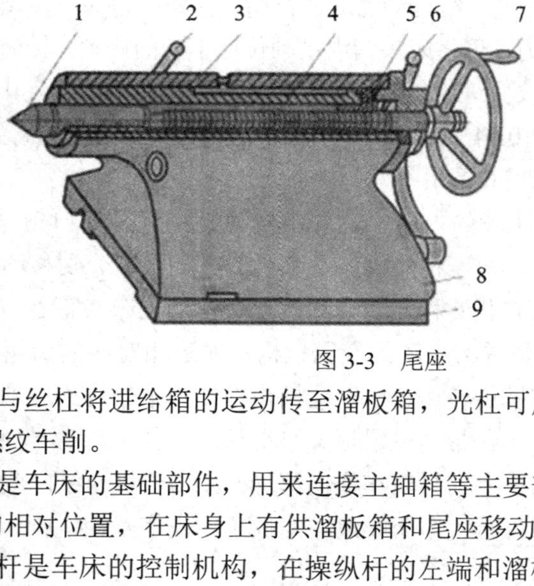

1—顶尖；
2—套筒锁紧手柄；
3—顶尖套筒；
4—丝杠；
5—螺母；
6—尾座锁紧手柄；
7—手轮；
8—尾座体；
9—底座

图 3-3　尾座

(7) 光杠与丝杠将进给箱的运动传至溜板箱，光杠可用于外圆、端面等一般车削，丝杠主要用于螺纹车削。

(8) 床身是车床的基础部件，用来连接主轴箱等主要部件并保证溜板箱的各部件在运动时有正确的相对位置，在床身上有供溜板箱和尾座移动用的导轨。

(9) 操纵杆是车床的控制机构，在操纵杆的左端和溜板箱的右侧各装有一个手柄，操作人员可以很方便地操纵手柄，可以控制车床主轴的正转、反转或停止。

三、车刀的结构与使用

车刀是由刀头和刀杆两部分组成的，刀头是车刀的切削部分，刀杆是车刀的夹持部分。车刀从结构上可以分为整体式、焊接式、机夹式、可转位式四种类型，其结构特点及应用场合如表 3-1 所示。

表 3-1 车刀结构特点及应用

名称	结构特点	应用场合
整体式	用整体高速钢制造，刃口可磨得较锋利	小型车床或加工非铁金属
焊接式	焊接硬质合金或高速钢刀片，结构紧凑，使用灵活	小型车床或加工非铁金属
机夹式	避免焊接产生的应力、裂纹等缺陷，刀杆利用率高。刀片集中刃磨可获得所需参数，使用灵活方便	外圆、端面、镗孔、切断、螺纹车刀等
可转位式	避免焊接刀的缺点，刀片可快换转位，生产率高，断屑稳定	大中型车床加工外圆、端面、镗孔，特别适用于自动线、数控车床等

1. 车刀的组成及其角度

1) 车刀的组成

车刀的切削部分是由三面、二刃、一尖所组成，如图 3-4 所示。

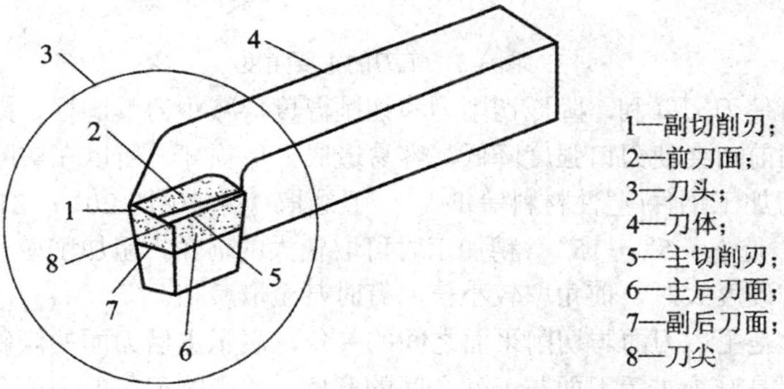

图 3-4 车刀的组成

前刀面是切削时切屑流出所经过的表面。

主后刀面是切削时与工件待加工表面相对的表面。

副后刀面是切削时与工件已加工表面相对的表面。

主切削刃是前刀面与主后刀面的交线，它可以是直线或曲线，担负着主要的切削功能。

副切削刃是前刀面与副后刀面的交线，一般只担负少量的切削工作。

刀尖是主切削刃与副切削刃的相交部分，为了提高刀尖使用效率，磨成圆弧形或一小段直线作过渡刃。

2) 车刀的角度

车刀的主要角度有前角 γ_o、后角 α_o、主偏角 κ_r、副偏角 κ_r'，和刃倾角 λ_s，如图 3-5 所示。车刀的角度是在切削过程中形成的，它们对加工质量和生产率等起着重要作用。在切削时，与工件加工表面相切的假想平面称为切削平面，与切削平面垂直的假想平面称为基面，另外采用机械制图的主剖面，由这些假想的平面与刀头上的三面二刃就构成了刀具的角度。对车刀而言，基面呈水平面，并与车刀的底面平行。切削平面、主剖面与基面是相互垂直的。

(1) 前角 γ_0 是前刀面与基面之间的夹角，表示前刀面的倾斜角度。根据角度可以分为正前角、负前角和零前角，若前刀面在基面之下为正前角，反之为负前角，相重合为零前角。通常所说的前角是指正前角。图 3-5 所示为前角与后角的剖视图。

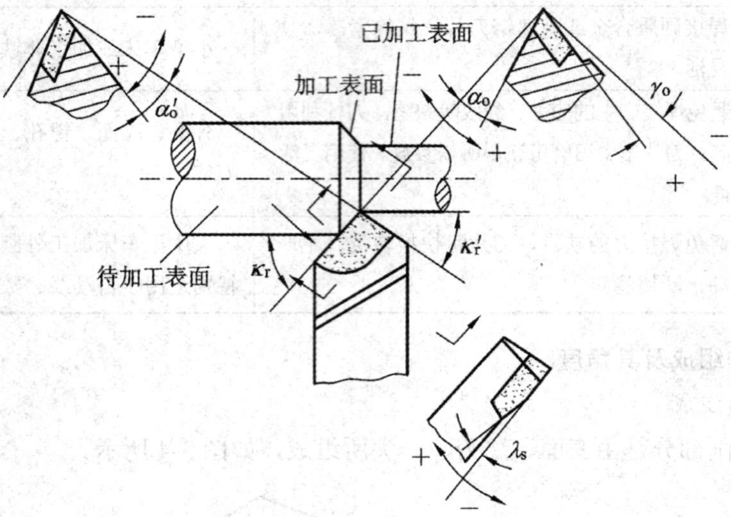

图 3-5　车刀的主要角度

增大前角可使刀刃锋利，降低切削力和切削温度，减小刀具磨损，提高零件表面加工质量。但过大的前角会使刃口强度降低，容易造成刃口损坏。所以在实际加工中选择原则为硬质合金车刀加工钢件(塑性材料等)时，一般选取 $\gamma_0 = 10°$ ～$20°$；加工灰口铸铁(脆性材料等)时，一般选 $\gamma_0 = 5°$ ～$15°$。精加工时可取较大的前角，粗加工应取较小的前角。工件材料的强度和硬度大时，前角取较小值，有时甚至取负值。

(2) 后角 α_0 是主后刀面与切削平面之间的夹角，表示主后刀面的倾斜角度。

后角的作用是减少主后刀面与工件之间的摩擦，并影响刃口的强度和锋利程度，选择原则为后角 α_0 可取 $6°$ ～$8°$。

(3) 主偏角 κ_r 是主切削刃与进给方向在基面上投影间的夹角，如图 3-6 所示。

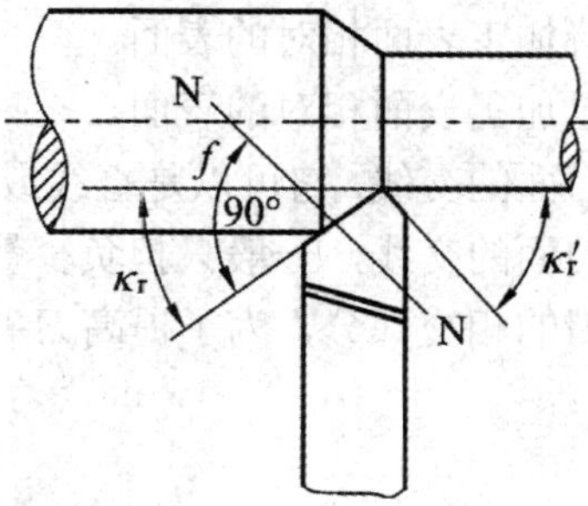

图 3-6　车刀的主偏角与副偏角

主偏角的作用是提高切削刃的使用寿命、刀尖强度。主偏角越小，则刀尖强度越高，散热条件越好，但同时切深抗力越大。

车刀常用的主偏角有 45º、60º、75º、90º 几种。工件直径越大、刚性好时，主偏角可取较小值。车削细长轴时，为了减少径向力引起的工件弯曲变形，主偏角宜选取较大值。

(4) 副偏角 κ_r' 是副切削刃与进给方向在基面上投影间的夹角。副偏角的作用是提高已加工表面的表面粗糙度，减小副偏角可使已加工表面光洁。

选择原则：一般选 $\kappa_r' = 5° \sim 15°$，精车时可取 $5° \sim 10°$，粗车时取 $10° \sim 15°$。

(5) 刃倾角 λ_s 是主切削刃与基面间的夹角，刀尖为切削刃最高点时为正值，反之为负值。

刃倾角主要影响主切削刃的强度和控制切屑流出的方向。以刀杆底面为基准，当刀尖为主切削刃最高点时，为正值，切屑流向待加工表面，如图 3-7(a)所示；当主切削刃与刀杆底面平行时 $\lambda_s = 0°$，切屑沿着垂直于主切削刃的方向流出，如图 3-7(b)所示；当刀尖为主切削刃最低点时 λ_s 为负值，切屑流向已加工表面，如图 3-7(c)所示。

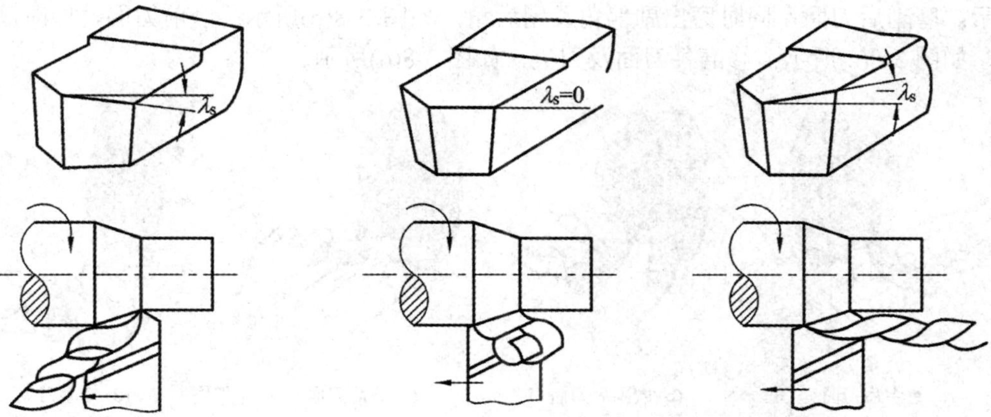

(a) 刃倾角为正　　(b) 刃倾角为0　　(c) 刃倾角为负

图 3-7　刃倾角对切屑流向的影响

选择原则：一般 λ_s 在 $-5° \sim +5°$ 之间选择。粗加工时 λ_s 常取负值，虽切屑流向已加工表面无妨，但保证了主切削刃的强度好。精加工常取正值，使切屑流向待加工表面，从而不会划伤已加工表面的质量。

2. 车刀的刃磨

整体式和焊接式车刀用钝后是在砂轮机上刃磨的，磨高速钢车刀用氧化铝砂轮，磨硬质合金刀头用碳化硅砂轮。

1) *砂轮的选择*

砂轮的特性是由磨料、粒度、硬度、结合剂等因素决定的。

(1) 磨料。常用的磨料有氧化铝、碳化硅和高硬磨料三种。工厂常用的是氧化铝砂轮和碳化硅砂轮。氧化铝砂轮磨粒硬度低(HV2000～HV2400)、韧性大，适于刃磨高速钢车刀，其中白色的称为白刚玉，灰褐色的称为棕刚玉。碳化硅砂轮的磨粒硬度比氧化铝砂轮的磨粒硬度高(HV2800 以上)，性脆而锋利，并且具有良好的导热性和导电性，适于刃磨硬质合金。常用的是黑色和绿色的碳化硅砂轮，而绿色的碳化硅砂轮更适合刃磨硬质合金车刀。

(2) 粒度。粒度表示磨粒的大小程度，以磨粒能通过每英寸长度上多少个孔眼的数字作为粒度符号。例如 60 粒度是指磨粒刚可通过每英寸长度上有 60 个孔眼的筛网。因此，数字越大则表示磨粒越细。粗磨车刀应选粒度小的砂轮，精磨车刀应选粒度大(即磨粒细)

的砂轮。

(3) 硬度。砂轮的硬度是反映磨粒在磨削力作用下，从砂轮表面上脱落的难易程度。砂轮越硬，即表面磨粒难以脱落；砂轮越软，表示磨粒容易脱落。

综上所述，我们应根据刀具材料正确选用砂轮。刃磨高速钢车刀时，应选用粒度为 46 号到 60 号的软或中软的氧化铝砂轮；刃磨硬质合金车刀时，应选用粒度为 60 号到 80 号的软或中软的碳化硅砂轮。

2) *车刀刃磨的方法*

车刀刃磨的方法如图 3-8 所示。磨主后刀面，同时磨出主偏角及主后角，如图 3-8(a)所示；磨副后刀面，同时磨出副偏角及副后角，如图 3-8(b)所示；磨前刀面，同时磨出前角，如图 3-8(c)所示；修磨各刀面及刀尖，如图 3-8(d)所示。

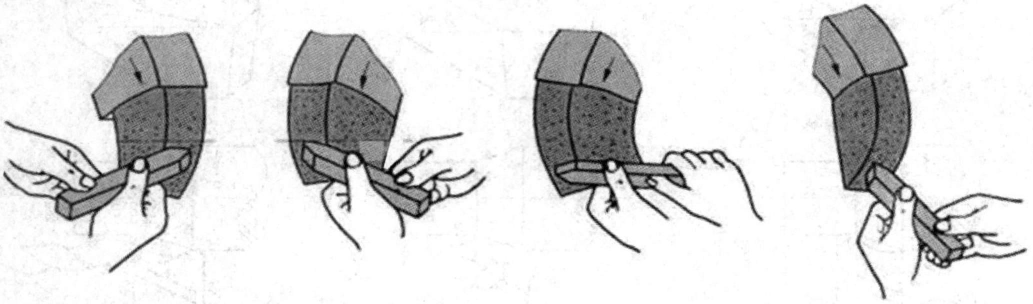

(a) 磨主后刀面　(b) 磨副后刀面　(c) 磨前刀面　(d) 修磨刀尖

图 3-8　外圆车刀刃磨的步骤

3) *刃磨车刀的要点*

(1) 人站立在砂轮机的侧面，以防砂轮碎裂时碎片飞出伤人。

(2) 两手握刀的距离并紧，两肘夹紧腰部，以减小磨刀时的抖动。

(3) 磨刀时，车刀要放在砂轮的水平中心，刀尖略向上翘约 3°～8°，车刀接触砂轮后应作左右方向水平移动；当车刀离开砂轮时，车刀需向上抬起，以防止磨好的刀刃被砂轮碰伤。

(4) 磨后刀面时，刀杆尾部向左偏过一个主偏角的角度；磨副后刀面时，刀杆尾部向右偏过一个副偏角的角度。

(5) 修磨刀尖圆弧时，通常以左手握车刀前端为支点，用右手转动车刀的尾部。

4) *磨刀安全知识*

(1) 刃磨刀具前，应首先检查砂轮有无裂纹，砂轮紧固螺母是否拧紧，并经试转后使用，以免砂轮碎裂飞出伤人。

(2) 刃磨刀具不能用力过大，否则会使手打滑而触及砂轮面，造成工伤事故。

(3) 磨刀时应戴防护眼镜，以免砂砾和铁屑飞入眼中。

(4) 磨刀时不要正对砂轮的旋转方向站立，以防意外。

(5) 磨小刀头时，必须把小刀头装入刀杆上。

(6) 砂轮支架与砂轮的间隙不得大于 3 mm，如发现过大，应调整至适当。

3. 车刀的安装

车刀必须正确牢固地安装在刀架上，如图 3-9 所示。

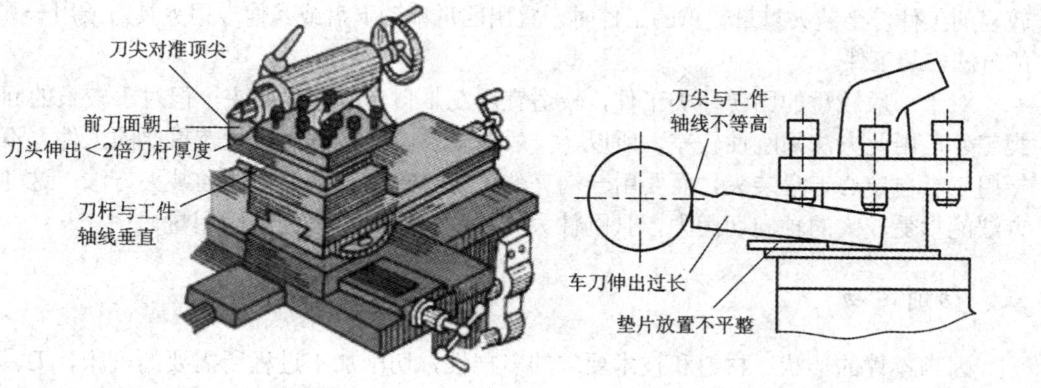

(a) 正确　　(b) 错误

图 3-9　车刀的安装

安装车刀时应注意下面几点：

(1) 刀头不宜伸出太长，否则切削时容易产生振动，影响工件加工精度和表面粗糙度。一般刀头伸出长度不超过刀杆厚度的两倍。

(2) 刀尖应与车床主轴中心线等高。车刀装得太高，后角减小，则车刀的主后面会与工件产生强烈的摩擦；如果装得太低，前角减小，切削不顺利，会使刀尖崩碎。刀尖的高低可根据尾架顶尖高低来调整。

(3) 车刀底面的垫片要平整，并尽可能用厚垫片，以减少垫片数量。调整好刀尖高低后，至少要用两个螺钉交替将车刀压紧。

四、工件的装夹

普通车床上一般选用三爪自定心卡盘安装工件，如图 3-10 所示。

(a) 结构　　(b) 夹持棒料　　(c) 反爪夹持大棒料

图 3-10　三爪自定心卡盘结构和工件安装

三爪自定心卡盘的结构如图 3-10(a)所示，当用卡盘扳手转动小锥齿轮时，大锥齿轮也随之转动，在大锥齿轮背面平面螺纹的作用下，使三个爪同时向中心移动或退出，达到夹紧或松开工件的目的。其特点是自动对正工件中心，且自动定心精度可达到 0.05 mm～0.15 mm。三爪卡盘可以装夹直径较小的工件，如图 3-10(b)所示。当装夹直径较大的外圆工件时可用三个反爪进行，如图 3-10(c)所示。但三爪自定心卡盘由于夹紧力不大，所以一般只适宜于重量较轻的工件，当装夹重量较重的工件时，宜用四爪单动卡盘或其他专用夹具，或用一夹一顶的方法安装工件。

对于一般较短的回转体类工件，较适宜用三爪自定心卡盘装夹，但对于较长的回转体类工件，用此方法则刚性较差。所以，一般对较长的工件，尤其是较重要的工件，不能直接用三爪自定心卡盘装夹，而要用一端夹住，另一端用后顶尖顶住的装夹方法。这种装夹方法能承受较大的轴向切削力，且刚性大大提高，同时可提高切削用量。

五、切削运动

因为零件的形状、材料和技术要求的多样性，切削加工过程所需要的机床、刀具、夹具及各类辅助工具比较多。合理地安排切削加工过程以获得较高的性价比，是参与切削加工过程所有人员的主要工作。

切削运动是机床上工件和刀具进行相对运动而达到加工的目的，根据在切削加工过程所起的作用不同，可分为主运动和进给运动。常见机床的切削运动如图 3-11 所示，图中 v_c 为主运动，v_f 为进给运动。

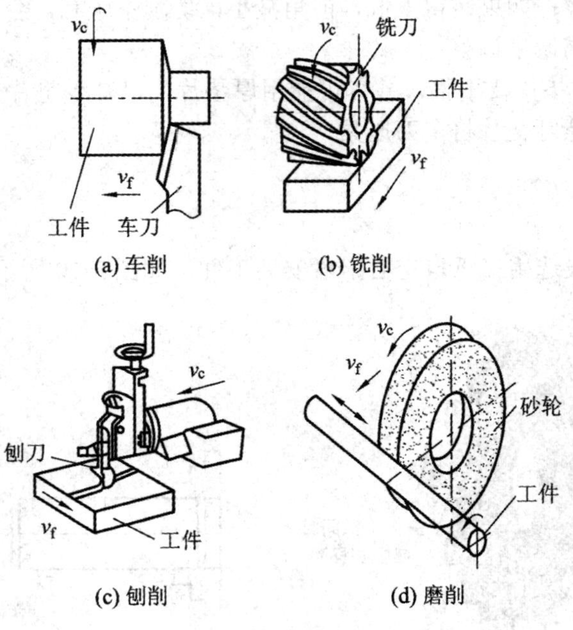

(a) 车削　(b) 铣削　(c) 刨削　(d) 磨削

图 3-11　常见机床切削运动

1. 主运动

主运动是使工件与刀具产生相对运动以进行切削加工的运动，它是最基本的运动。通常主运动只有一个，如车削的主运动是工件的旋转运动，铣削的主运动是铣刀的旋转运动，对于车铣复合加工其主运动的形式可以互换。刨削的主运动是刨刀的往复运动，磨削的主运动是砂轮的旋转运动。

2. 进给运动

在主运动的前提下，进给运动是为保证加工表面的连续可切削性所辅助的运动。由于零件表面的多样性，进给运动可以有一个或多个。如车床有车刀沿工件的轴向和径向两个进给运动，数控铣床的进给运动通常有沿空间三个坐标方向的移动，而且数控系统能同时控制该三个轴沿空间轨迹的移动。

六、切削过程中形成的三个表面

随着切削过程的连续进行，零件的表面上也会连续存在着三个不断变换的表面，如图3-12 所示。

(1) 待加工表面是零件上等待加工的表面。

(2) 已加工表面是零件的表面经刀具加工后形成的。

(3) 过渡表面是当前刀具的主切削刃正在切削的轨迹表面。

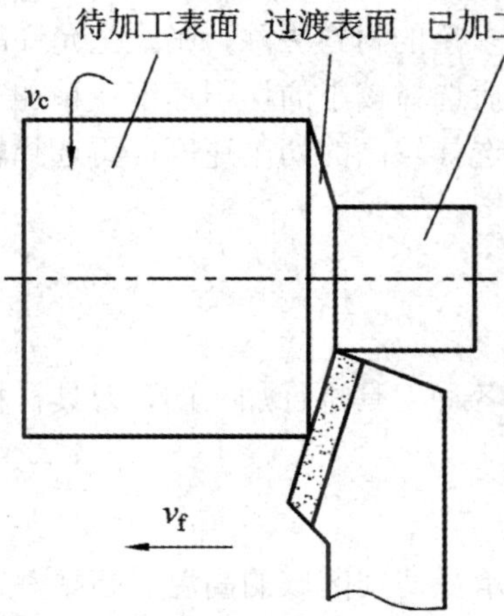

图 3-12　切削表面

七、切削用量

切削用量是切削速度、进给量和背吃刀量三者的总称，也称为切削三要素。切削用量的合理选择是保证切削加工顺利进行的重要条件。因此作为一个合格的技术人员，在生产过程中或制订工艺过程时，应对加工的零件材料、加工性质、工艺状态和生产调度等多方面的因素进行分析，制定合理的切削用量，保证切削加工顺利进行。对切削用量的介绍如下。

1. 切削速度

切削速度是指刀具切削刃相对于零件待加工表面在主运动方向上的瞬时速度，用 v_c 表示。常用的单位有 m/s 或 m/min。

车床、铣床、磨床的主运动为旋转运动时，切削速度的计算公式为

$$v_c = \frac{\pi D n}{1000 \times 60}\ \ (\mathrm{m/s}) \quad 或 \quad v_c = \frac{\pi D n}{1000}\ \ (\mathrm{m/min})$$

式中，D 为待加工表面直径或刀具切削刃的最大直径，单位 mm；n 为工件或刀具的转速，单位 r/min。

2. 进给量

进给量是指主运动在一个工作循环内，刀具与零件在进给方向上的相对位移量，用 f 表示。进给量常用单位有每转进给量 mm/r 和每分钟进给 mm/min。

3. 背吃刀量

背吃刀量是指零件待加工表面与已加工表面间的垂直距离，用 a_p 表示。车床上车削外圆时的背吃刀量为：

$$a_p = \frac{D-d}{2} \ \text{(mm)}$$

式中，D 为待加工表面直径，d 为已加工表面直径。

4. 切削三要素选择原则

粗加工阶段应尽快地将零件多余的材料去除，在工艺允许的情况下先选择较大的背吃刀量，再选择较大的进给量，最后选择较小的切削速度；精加工是保证加工质量的，在主轴转速和刀具允许的情况下，先选择较高的切削速度，再选择较低的进给量，最后选择较小的背吃刀量。

八、刀具材料

所有的切削加工过程都是由各种刀具进行加工的，刀具材料的性能直接关系到加工的质量和效率。

1. 刀具材料应具备的性能

在切削加工过程中，刀具要承受切削区域的高温、高摩擦力及工件或工艺系统的冲击振动等，因此，刀具材料应具备高硬度、足够的强度和韧性、良好的耐磨性、高耐热性、良好的工艺性和经济性等。

2. 刀具材料的种类

刀具材料主要有碳素工具钢、合金工具钢、高速钢、硬质合金、立方氮化硼、人造金刚石等。

(1) 碳素工具钢。该材料属于优质高碳钢，淬火后硬度大于 HRC62，常用于制造手工工具和切削速度较低的钳工刀具，如锉刀、手工锯条、刮刀等。

(2) 合金工具钢。在碳素工具钢中加入少量的硅、锰、铬、钨等合金元素，以提高其硬度和耐磨性，便成为合金工具钢。合金工具钢常用于制造形状复杂的刀具，如铰刀、丝锥、板牙、齿轮刀具等。

(3) 高速钢。在合金工具钢中加入钨、铬、钒等合金元素，使其硬度达 HRC 62～65，以具有较高的强度和韧性，便成为高速钢。高速钢常用于制造各类形状复杂的刀具，如钻头、铣刀、拉刀、齿轮刀具等。

(4) 硬质合金。硬质合金是由难熔金属碳化物(WC、TiC)和金属黏结剂钴经粉末冶金方法制成的。可分为碳化钨基和碳化钛基两大类。我国常用的碳化钨基硬质合金有钨钛钴类(如 YT5、YT15、YT30)和钨钴类(如 YG3、YG6、YG8)，硬质合金的硬度可达 HRC78 左右，耐热温度可达 1000℃以上，耐磨性比高速钢好。但是硬质合金抗弯强度、冲击韧性和工艺性能较差，只能制造形状相对于高速钢更简单的刀具，如各种形状的刀片、整体铣刀、铰刀、钻头等。

技能训练　三爪卡盘拆装和工件、刀具的装夹

一、实训目的

(1) 掌握三爪自定心卡盘的原理及卡盘扳手的使用方法。
(2) 掌握车刀的分类及正确安装方法。
(3) 掌握车床各手柄的作用与变换方法。

二、实训器材

实训器材要求如表 3-2 所示。

表 3-2　实训器材清单

实 训 器 材	数 量
三爪卡盘	1 块
卡盘扳手	1 把
塑胶棒	1 根
外圆车刀	1 把
垫片	3 块
游标卡尺	1 把

三、实训操作

(1) 三爪自定心卡盘的结构见图 3-10，拆卸时选用卡盘扳手拆三个卡爪，再拆小锥齿轮和大锥齿轮。

(2) 将拆卸的卡爪、小锥齿轮和大锥齿轮及其他配件用柴油清洗表面油污，待装配。

(3) 装配大锥齿轮、小锥齿轮，应保证正常转动，卡爪装配后应该与机床主轴中心重合。

(4) 使用卡盘扳手装夹工件时三个小锥齿轮受力应相等，完成工件装夹后开启机床电源，启动机床主轴低速正反转，检验工件中心与主轴中心重合。

(5) 刀具的安装先按下机床急停键，再按图 3-9 的要求操作。

四、注意事项

(1) 断电操作。
(2) 三爪自定心卡盘拆装和刀具、工件安装时不能暴力操作。

五、实训考核

根据完成实训的综合情况进行考核，考核项目及评分方法如表 3-3 所示。

表 3-3　实训考核表

班级		姓名		扣分记录	得分
项目(5S/6S)	考核要求	分值	评分细则		
车床安全知识(整理整顿)	安全文明操作	20	1. 未规范操作一处扣 1 分； 2. 文明操作错误一处扣 1 分		
车床结构(安全)	车床的结构和用途	30	违规操作机床一处扣 10 分		
刀具安装(安全及素养)	车床常用刀具种类、用途、刃磨和安装	20	1. 刀具选择错误一次扣 10 分； 2. 刀具安装错误一次扣 5 分		
零件装夹及卡盘扳手使用(安全及素养)	卡盘扳手使用方法	20	1. 卡盘扳手使用错误一次扣 10 分； 2. 安全文明操作随用随取错误扣 10 分		
机床卫生清理(清扫清洁)	机床卫生及周围地面卫生清理	10			
总　分		100	总得分		

任务二　外圆、端面和台阶轴车削

任务目标

掌握普通车床的基本车削形式、方法和车削中要注意的事项。

知识链接

一、外圆车削方法及加工要求

1. 安装工件和校正工件中心

安装工件的方法主要有用三爪自定心卡盘或者四爪卡盘、芯轴等。校正工件中心的方法有划针或者百分表校正。

2. 选择车刀

车外圆可用主偏角为 45°、75°、90° 的车刀，主要用于粗车外圆和车端面，还可以加工台阶轴和细长轴零件。

3. 调整车床切削参数

车床切削参数的调整包括主轴转速和车削进给速度。

主轴的转速是根据切削速度计算选取的。而切削速度的选择与工件材料、刀具材料以及工件加工精度有关。用高速钢车刀车削时，$v_c = (0.3\sim1)$m/s，用硬质合金车刀时，$v_c = (1\sim3)$m/s。车削硬度高的钢比车削硬度低的钢主轴转速要低一些。根据选定的切削速度计算出车床主轴的转速，再对照车床主轴转速铭牌，选取车床上最近似计算值的一挡，然后按表 3-4 所示的手柄要求，扳动手柄至相应位置即完成主轴转速调整。但特别要注意的是，必须在主轴完全停止状态下且按下急停键，才能扳动手柄。

表 3-4　C6132 型车床主轴转速铭牌

手柄位置		I			II		
		长手柄			长手柄		
短手柄		↖	↑	↗	↖	↑	↗
	↖	45	66	94	360	530	750
	↗	120	173	248	958	1380	1980

例如，用硬质合金车刀加工直径 $D = 200$ mm 的铸铁带轮，选取的切削速度 $v_c = 0.9$ m/s，计算主轴的转速为：

$$n = \frac{1000\times60\times v_c}{\pi D} = \frac{1000\times60\times0.9}{3.14\times200} \approx 86\,(\text{r/min})$$

从主轴转速铭牌中选取近似值为 94 r/min，即短手柄扳向左方，长手柄扳向右方，主轴箱手柄放在低速挡位置 I。

进给量是根据工件加工要求确定的。粗车时，一般取(0.2～0.3)mm/r；精车时，随所要求的表面粗糙度而定。例如表面粗糙度为 $Ra3.2$ 时，选用(0.1～0.2)mm/r；为 $Ra1.6$ 时，选用(0.06～0.12)mm/r，等等。进给量的调整可对照车床进给量表扳动手柄位置，具体方法与调整主轴转速相似。

4. 粗车和精车

粗车的目的是尽快地去除毛坯多余的金属材料，使工件接近于最后的形状和尺寸。粗车后应留下 0.5 mm～1 mm 的精加工余量。

精车是去除粗车预留的少量金属层以获得零件所要求的精度和表面粗糙度。精加工时背吃刀量较小，约 0.1 mm～0.2 mm，可选用较高的切削速度，初学者可选用较低切削速度。为了提高工件表面粗糙度，精加工车刀的前、后刀面应用油石加机油磨光，刀尖应磨成一个小圆弧。

车削前要对车刀和毛坯零件进行试切，以保证加工的尺寸精度。外圆试切法的步骤如图 3-13 所示。

车削步骤说明：

(1) 启动主轴正转并对刀，使车刀和工件表面轻微接触。

(2) 向右移动大滑板退出车刀。

(3) 按要求移动中滑板横向进给 a_{p1}。

(4) 试车工件外圆 1 mm～3 mm 长度。

(5) 向右移动大滑板退出工件表面，主轴停转，选用游标卡尺测量工件外圆直径。

(6) 中拖板调整切深至 a_{p2} 后，自动进给车外圆。

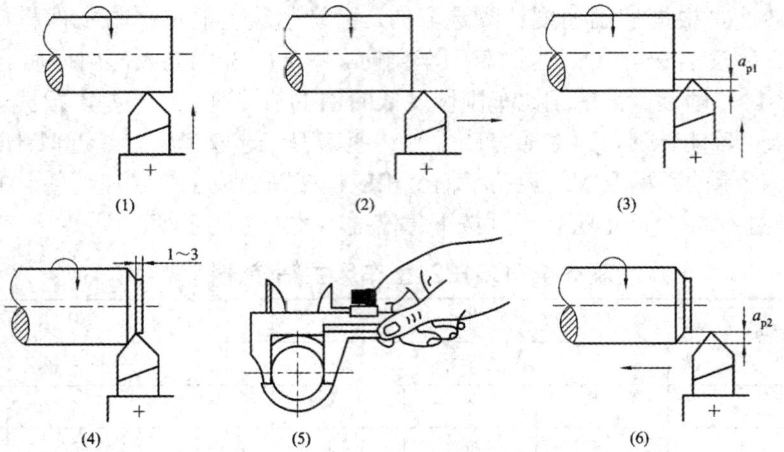

图 3-13　试切步骤

5. 刻度盘的原理和应用

车削工件时，为了正确迅速地控制背吃刀量，可以利用中滑板上的刻度盘来调整。中滑板刻度盘安装在中滑板丝杠上，当摇动中滑板手柄带动刻度盘转一周时，中滑板丝杠随着刻度盘转了一周。这时，固定在中滑板上与丝杠配合的螺母沿丝杠轴线方向移动了一个螺距。因此，安装在中滑板上的刀架也移动了一个螺距。如果中滑板丝杠螺距为 4 mm，当手柄转一周时，刀架就横向移动 4 mm。若刻度盘圆周上等分 200 格，则当刻度盘转动一格时，刀架就移动了 0.02 mm。使用中滑板刻度盘控制背吃刀量时应注意以下事项：

(1) 由于丝杠和螺母之间有间隙存在，因此会产生空行程(即刻度盘转动，而刀架并未移动)，使用时必须慢慢地把刻度盘转到所需要的位置(见图 3-14(a))。若不慎多转过几格，不能简单地退回几格(见图 3-14(b))，必须向相反方向退回全部空行程，再转到所需位置(见图 3-14(c))。

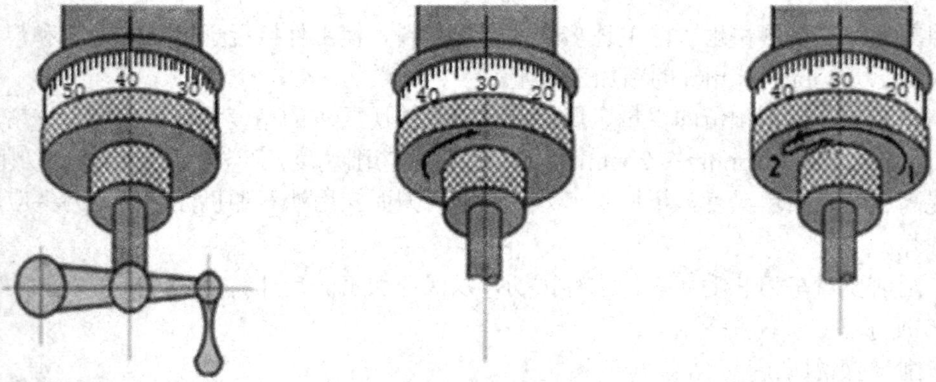

(a) 要求手柄转至30，但转过头成40　　(b) 错误：直接退至30　　(c) 正确：反转约一周后再转至所需位置30

图 3-14　手柄摇过头后的纠正方法

(2) 由于工件是旋转的，使用中滑板刻度盘时，车刀横向进给后的切除量刚好是背吃刀量的两倍，因此，当工件外圆余量测得后，中滑板刻度盘控制的背吃刀量是外圆余量的二分之一，大滑板和小滑板的刻度值直接表示工件长度方向的切除量。

6. 纵向进给

纵向进给到所需长度时，扳开自动进给手柄，退出车刀，然后停止主轴转动，检验尺寸。

7. 车外圆时的质量问题分析

(1) 尺寸不正确。原因是：车削时粗心大意，看错尺寸；刻度盘计算错误或操作失误；测量时不仔细，读数不准确。

(2) 表面粗糙度未达到图纸要求。原因是：车刀刃磨角度不对；刀具安装不正确或刀具磨损，以及切削用量选择不当；车床各部分间隙过大。

(3) 外圆尺寸有锥度。原因是：吃刀深度过大，刀具磨损；刀具或拖板松动；两顶尖车削时尾座中心线与主轴中心没有对中；精车时加工余量不足。

二、端面车削方法及加工要求

1. 车端面的方法

车端面时，刀具的主刀刃要与端面有一定的夹角。工件伸出卡盘外部分应尽可能短些，车削时用中滑板横向走刀，走刀次数根据加工余量而定，可采用自外向中心走刀，也可以采用自圆中心向外走刀的方法。端面车削常用的几种方法如图 3-15 所示。

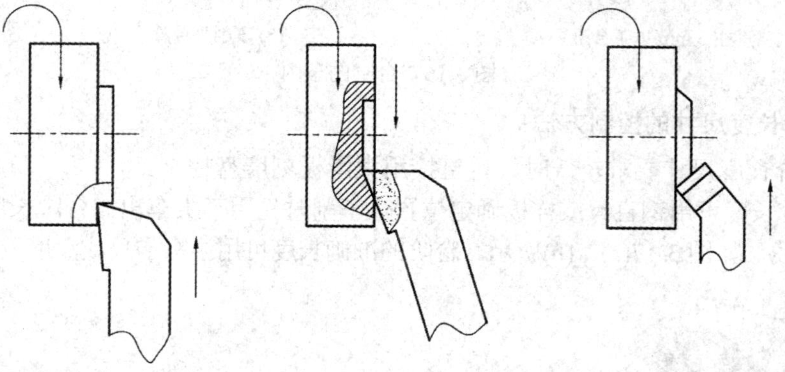

(a) 90° 外圆车刀外圆表面起刀　(b) 工件中心起刀　(c) 45° 外圆车刀外圆表面起刀

图 3-15　端面车削方法

2. 车削端面时注意事项

(1) 车刀的刀尖应对准工件中心，以免车出的端面中心留有凸台。

(2) 用偏刀车端面，当背吃刀量较大时，容易扎刀，粗车时背吃刀量 a_p 的选择为 0.2 mm～1 mm，精车时为 0.05 mm～0.2 mm。

(3) 端面的直径从外到中心是变化的，切削速度也在改变，在计算切削速度时必须按端面的最大直径计算。

(4) 车削直径较大的端面，若出现凹心或凸肚时，应检查车刀和四方刀架，以及大滑板是否锁紧。

3. 车削端面的质量问题分析

(1) 端面不平，产生凸凹现象或端面中心留“小头”。原因是：车刀刃磨或安装不正确；刀尖没有对准工件中心；吃刀深度过大；车床有间隙；滑板移动。

(2) 表面粗糙度高。原因是：车刀不锋利；手动走刀摇动不均匀或太快；自动走刀切削用量选择不当。

三、车削台阶轴

车削台阶轴的方法与车削外圆基本相同，但在车削时应兼顾外圆直径和台阶长度两个方向的尺寸要求，还必须保证台阶平面与工件轴线的垂直度要求。

车削高度在 5 mm 以下的台阶时，可用主偏角为 90° 的偏刀在车外圆时同时车出台阶；车高度在 5 mm 以上的台阶时，应分层进行切削，如图 3-16 所示。

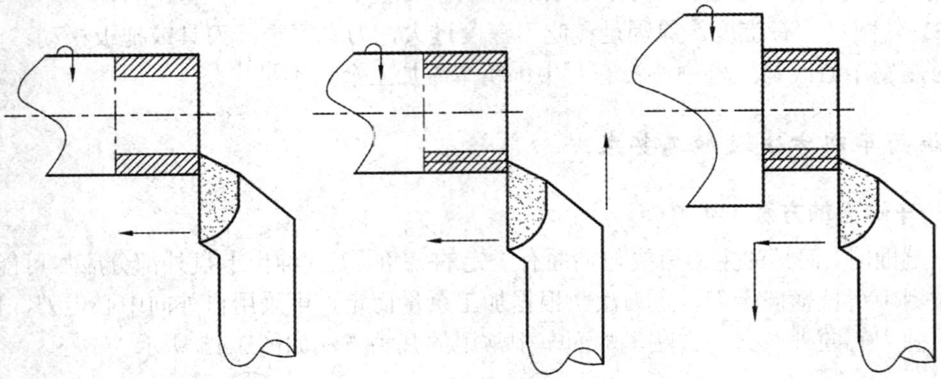

(a) 车削高度在 5 mm 以下台阶　　(b) 车削高台阶

图 3-16　台阶的车削

1. 台阶长度尺寸的控制方法

(1) 台阶长度尺寸要求较低时，可直接用大滑板刻度盘控制。

(2) 台阶长度可用钢直尺或样板确定位置，车削时先用刀尖车出比台阶长度略短的刻痕作为加工界线，如图 3-17(a)、(b)所示。台阶的准确长度可用游标卡尺或深度游标卡尺测量。

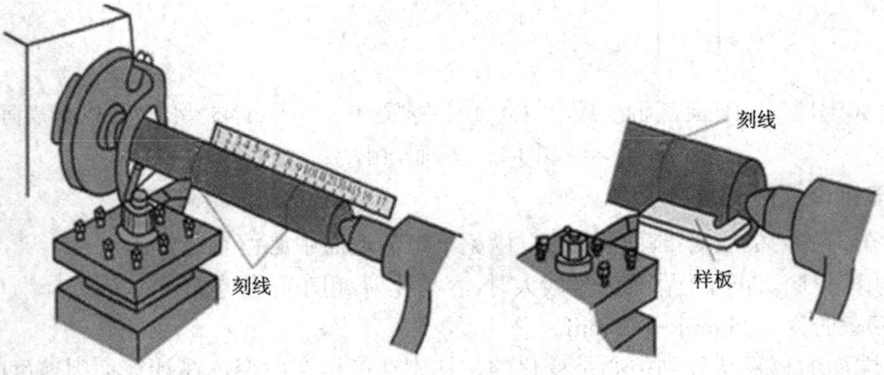

(a) 用钢直尺定位　　(b) 用样板定位

图 3-17　台阶长度尺寸的控制方法

(3) 台阶长度尺寸要求较高且长度较短时，可用小滑板刻度盘控制其长度。

2. 车台阶的质量问题分析

(1) 台阶长度不正确，不垂直。原因是：操作方法不正确；测量失误；自动走刀控制不当；刀尖不锋利；车刀刃磨或安装不正确。

(2) 表面粗糙度高。原因是：车刀不锋利；手动走刀不均匀或太快；自动走刀切削用量选择不合理。

技能训练　车削台阶轴

一、实训目的

(1) 掌握游标卡尺、千分尺的使用方法。
(2) 掌握车削不同形状工件时车刀的选用。
(3) 掌握如何利用溜板箱上的刻度盘控制工件尺寸。
(4) 掌握粗加工与精加工的概念。

二、实训器材

实训器材要求见表 3-5

表 3-5　实训器材清单

实 训 器 材	数 量
三爪卡盘	1 块
卡盘扳手	1 把
塑胶棒	1 根
外圆车刀	1 把
刀台扳手	1 把
垫片	3 块
游标卡尺	1 把

三、实训操作

1. 实训零件

实训零件台阶轴如图 3-18 所示。

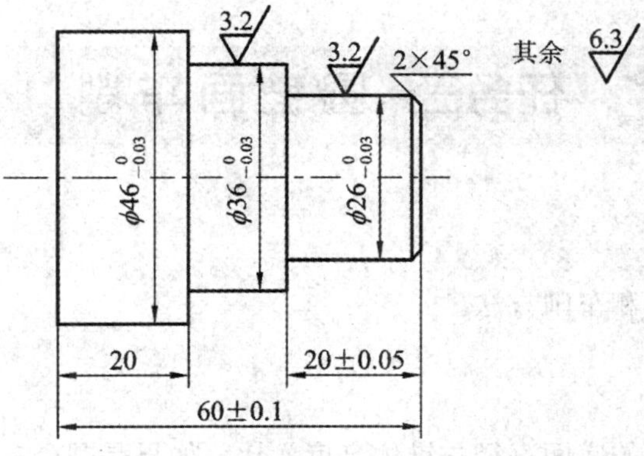

图 3-18　台阶轴

2. 操作步骤

(1) 检查毛坯零件尺寸是否适合加工，安装找正工件中心。
(2) 试车零件外圆，控制最大的长度尺寸和外圆尺寸。
(3) 车削第二个尺寸，控制长度和外圆。
(4) 车削最小尺寸，控制长度和外圆。
(5) 精加工各台阶使其达到精度要求。

四、注意事项

(1) 机床急停开关。
(2) 零件装正方法
(3) 零件尺寸精度把控。

五、实训考核

根据完成实训的综合情况进行考核，考核项目及评分方法如表 3-6 所示。

表 3-6　实训考核表

<table>
<tr><td>班级</td><td></td><td>姓名</td><td></td><td rowspan="2">扣分记录</td><td rowspan="2">得分</td></tr>
<tr><td>项目
(5S/6S)</td><td>考核要求</td><td>分值</td><td>评分细则</td></tr>
<tr><td>车床安全知识
(整理整顿)</td><td>安全文明操作</td><td>20</td><td>1. 未规范操作一处扣 1 分；
2. 文明操作错误一处扣 1 分；
3. 机床周围整理规范</td><td></td><td></td></tr>
<tr><td>台阶轴
(清扫安全)</td><td>1. 外圆直径尺寸；
2. 长度尺寸；
3. 表面粗糙度</td><td>70</td><td>1. 外圆超差 0.01 扣 1 分；
2. 长度超差 0.01 扣 1 分；
3. 表面粗糙度不达标扣 10 分；
4. 机床安全操作</td><td></td><td></td></tr>
<tr><td>卫生清理
(清洁素养)</td><td>清理机床及周边卫生</td><td>10</td><td>职业素质、技能总结</td><td></td><td></td></tr>
<tr><td colspan="2">总 分</td><td>100</td><td colspan="2">总得分</td><td></td></tr>
</table>

任务三　圆锥面车削

任务目标

掌握圆锥面的分类和车削方法。

知识链接

圆锥锥度是指圆锥的底面直径与锥体高度之比，如果是圆台，则为上、下两底圆的直径差与锥台高度之比值。在机械制造业中广泛采用外圆锥面作为配合表面，如机床的锥孔、尾座的套筒、钻头的锥柄等。这是因为圆锥面配合紧密，拆卸方便，而且多次拆卸仍能准确定心。作为检测器具时，锥度塞规主要用于检验产品的大径、锥度和接触率，属于专用综合检具。锥度塞规可分为尺寸塞规和涂色塞规两种。由于涂色锥度塞规的设计和检测都比较简单，故在工件测量中得到普遍应用。

一、锥度计算

锥度的计算公式是 $C = (D - d) / L$ (其中 C 表示锥度比，D 表示大端直径，d 表示小端直径，L 表示锥的长度)。锥度各参数计算方法如下：

已知锥度比 C，小端直径 d，总长 L，则大端直径 $D = C \times L + d$。

已知大端直径 D，锥度比 C，总长 L，则小端直径 $d = D - C \times L$。

已知大端直径 D，小端直径 d，锥度比 C，则总长 $L = (D - d) / C$。

二、普通车床车削锥度的方法

1. 宽刀法

车削较短的圆锥时，可以用宽刃刀直接车出。其工作原理是成型法，所以要求切削刃必须平直，切削刃与主轴轴线的夹角应等于工件圆锥半角 $\alpha/2$。同时要求车床有较好的刚性，否则易引起振动。当工件的圆锥斜面长度大于切削刃长度时，可以用多次接刀的方法加工，但接刀处必须平整。宽刀法如图 3-19 所示，

2. 转动小滑板法

当加工锥面不长的圆锥工件时，可用转动小滑板法车削。车削时，将小滑板下面的转盘上的螺母松开，把转盘转至所需要的圆锥半角 $\alpha/2$ 的刻线上，与基准零线对齐，然后固定转盘上的螺母，如果锥度角不是整数，可在锥度附近估计一个值，试车后逐步找正。转动小滑板法如图 3-20 所示。

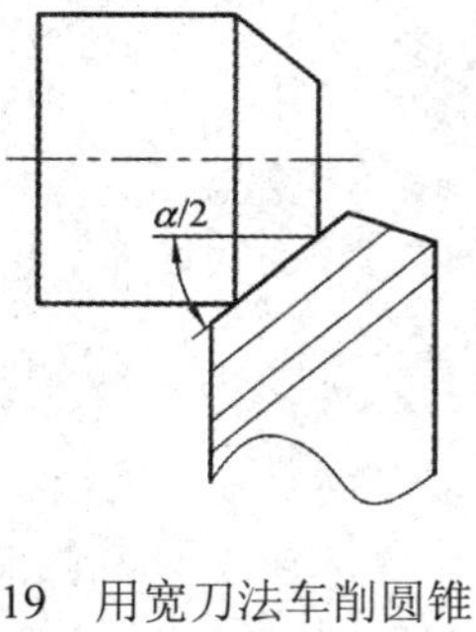

图 3-19　用宽刀法车削圆锥

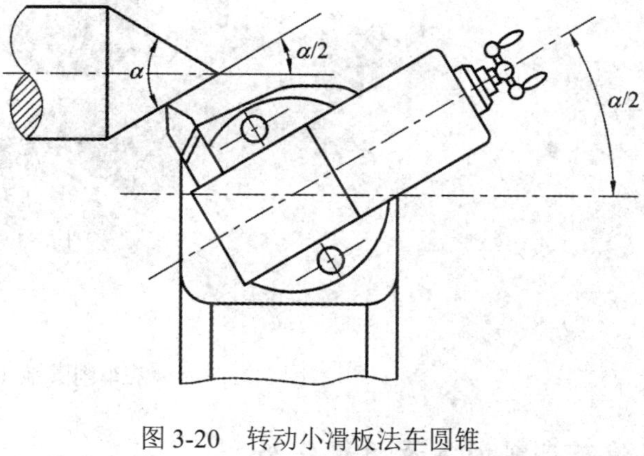

图 3-20　转动小滑板法车圆锥

3. 偏移尾座法

当车削锥度小、锥形部分较长的圆锥面时，可以用偏移尾座的方法，此方法可以自动走刀，但缺点是不能车削整圆锥和内锥体以及锥度较大的工件。将尾座上滑板横向偏移一

个距离 S，使偏移后两顶尖连线与原来两顶尖中心线相交一个 $\alpha/2$ 角度，尾座的偏向取决于工件圆锥面大小端直径在两顶尖间的加工位置，尾座的偏移量与工件的总长有关。偏移尾座法如图 3-21 所示。

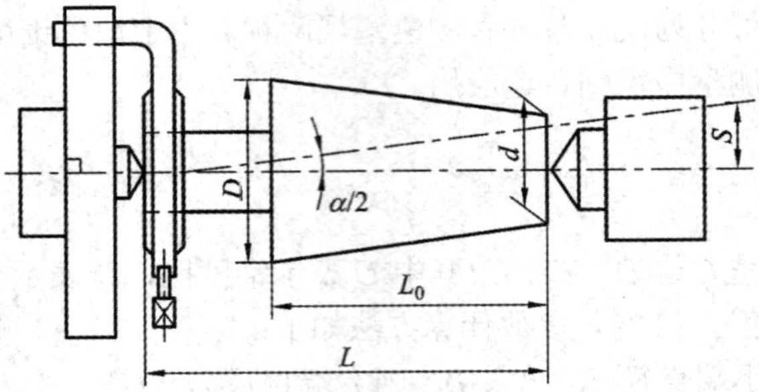

图 3-21　偏移尾座法车削圆锥

尾座偏移量可用下列公式计算：

$$S=\frac{D-d}{2L}L_0$$

式中：S——尾座偏移量；

L_0——工件锥体部分长度；

L——工件总长度；

D、d——锥体大端直径和锥体小端直径。

尾座的偏移方向由工件的锥体方向决定。当工件的小端靠近尾座处，尾座应向里移动，反之，尾座应向外移动。

4. 靠模法

靠模板装置是车床加工圆锥面的附件，对于较长的外圆锥和圆锥孔，其加工精度要求较高而批量又较大时常采用靠模法，如图 3-22 所示。

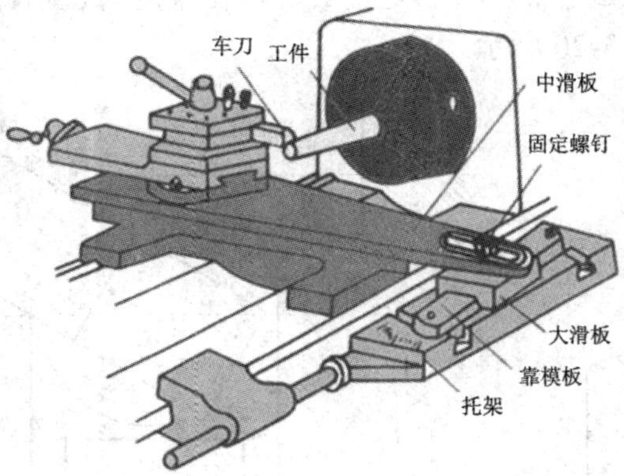

图 3-22　靠模法车削圆锥面

三、圆锥面车削的质量问题分析

1. 锥度尺寸不准确

锥度尺寸不准确的原因是：计算上的误差；小滑板转动角度和尾座偏移量不精确；车

刀、滑板、床座没有固定好，在车削中移动而造成；还有可能因为工件的表面粗糙度太差，量规或工件上毛刺没有清除干净，而造成检验和测量的误差。

2. 锥度车削时进刀量不合理

锥度车削时进刀量不合理的原因是车削过程中测量不仔细，进刀量分配不合理，尤其是最后一刀没有掌握好进刀量而造成误差。

3. 圆锥母线不直

圆锥母线不直是指锥面母线不是直线，锥面上产生凹凸现象或是中间低、两头高。主要原因是车刀安装没有对准中心。

4. 表面粗糙度不符合要求

配合锥面一般精度要求较高，若表面粗糙度高，往往会造成废品。造成表面粗糙度高的原因是：切削用量选择不当；车刀磨损或刀具角度刃磨不正确；没有进行表面抛光或者抛光余量不够；用小滑板车削锥面时，手动走刀不均匀；另外机床的间隙大，工件刚性差也会影响工件的表面粗糙度。

技能训练　车圆锥面

一、实训目的

(1) 掌握圆锥的各部分名称及计算。
(2) 掌握车圆锥的几种方法和步骤。
(3) 掌握圆锥的精度检测方法。

二、实训器材

实训器材要求见表 3-7。

表 3-7　实训器材清单

实 训 器 材	数 量
三爪卡盘	1 块
卡盘扳手	1 把
塑胶棒	1 根
外圆车刀	1 把
刀台扳手	1 把
垫片	3 块
游标卡尺	1 把
量角器	1 把
万能角度尺	1 把

三、实训操作

1. 实训零件

实训零件锥度轴如图 3-23 所示。

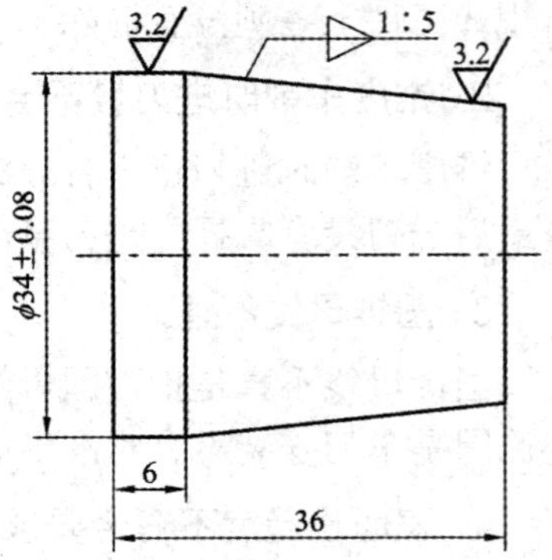

图 3-23　锥度轴

2. 操作步骤

(1) 车削直径ϕ34 并保证尺寸精度。
(2) 计算 1:5 锥度并调整好中滑板角度线刻度。
(3) 小滑板进刀试车削锥度，检验圆锥半角 $\alpha/2$。
(4) 车削圆锥至图纸要求。
(5) 检查零件完成情况。
(6) 清理机床及周边卫生。

四、注意事项

(1) 机床小滑板的旋转角度。
(2) 圆锥面车削量的选择。

五、实训考核

根据完成实训的综合情况进行考核，考核项目及评分方法如表 3-8 所示。

表 3-8　实训考核表

班级		姓名		扣分记录	得分
项目 (5S/6S)	考核要求	分值	评分细则		
车床安全 知识 (整理整顿)	安全文明操作	10	1.违反操作规程一处扣 1 分； 2.文明操作错误一处扣 1 分； 3.机床周围整理规范；		
锥度轴 (清扫安全)	1. 外圆直径尺寸； 2. 长度尺寸加工； 3. 表面粗糙度； 4. 锥度加工	70	1. 外圆超差 0.01 扣 1 分； 2. 长度超差 0.01 扣 1 分； 3. 粗糙度不达标扣 10 分； 4. 锥度错误扣 10 分； 5. 违反机床安全操作规程 扣 5 分		
卫生清理 (清洁素养)	清理机床及周边卫生	10	职业素质、技能总结		
总　分		100	总得分		

任务四　孔　加　工

任务目标

了解车床上加工内孔的方法，利用车床及相应刀具对零件进行孔加工，通过具体的实例操作，掌握孔加工的步骤和技术要领。本任务着重介绍钻孔和镗孔。

知识链接

车床上加工内孔的方法有钻孔、扩孔、镗孔和铰孔。其中钻孔、扩孔适用于粗加工；镗孔用于半精加工与精加工；铰孔通常只用于精加工。针对具体零件，要进行孔加工首先要根据图纸明确加工工艺，制订合理的加工方案，准备好加工过程中用到的工具、刀具等。具体加工过程中对于机床的转速以及刀具的安装也有相应的要求，加工完毕后还要对孔的尺寸进行测量，以确认达到图纸的尺寸及公差要求。下面对孔加工方法作以介绍。

一、钻孔

利用钻头在工件上钻出孔的方法称为钻孔。在车床上钻孔大都用麻花钻装在尾座套筒锥孔中进行，如图 3-24 所示。钻孔时，工件必须旋转，钻头安装在机床尾座上，将其尾座移动到工件端面附近，用手转动尾座上的手轮使套筒伸出并带着钻头实现进给运动。钻孔的尺寸大小与精度由钻头直径保证，一般公差等级为 IT10 以下，表面粗糙度为 Ra12.5 μm，多用于粗加工孔。

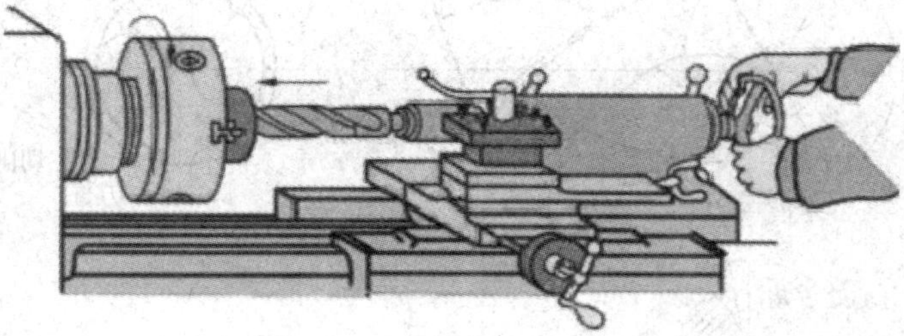

图 3-24　车床上尾座钻孔

1. 中心孔的作用

为便于钻头定心，防止钻偏，通常用中心钻预钻定心小孔为麻花钻作引导定位使用。常用的中心钻有 A 型(不带保护锥)、B 型(带保护锥)，如图 3-25 所示。其型式的选择主要根据工艺要求来确定。中心钻由高速钢制成。

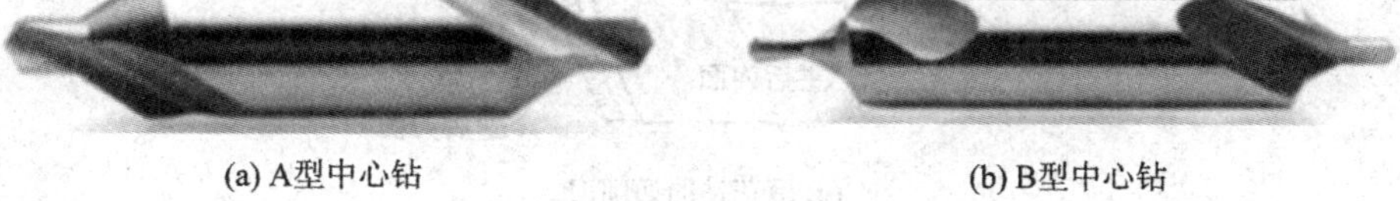

(a) A型中心钻　(b) B型中心钻

图 3-25　中心钻

2. 钻中心孔的方法

(1) 装夹工件并校正中心，将工件端面车平。

(2) 将钻夹头锥柄擦拭干净后装入车床尾座套筒内。

(3) 选用中心钻，将中心钻装入钻夹头内，并用锥齿扳手拧紧。中心钻伸出钻夹头的长度应尽量短。移动尾座并调整尾座套筒伸出长度，然后将尾座锁紧。

(4) 选择主轴转速在 700 r/min 以上(如果工件直径较大，则转速应该降低)，钻中心孔。

3. 麻花钻钻孔

用麻花钻钻孔是最常用的孔加工方法，其公差等级可达 IT11～IT10，表面粗糙度 *Ra* 值可达 12.5 μm～6.3 μm。

1) *麻花钻及其刃磨要求*

麻花钻的结构及主要切削角度如图 3-26 所示，钻头刃磨的质量会直接影响加工质量。

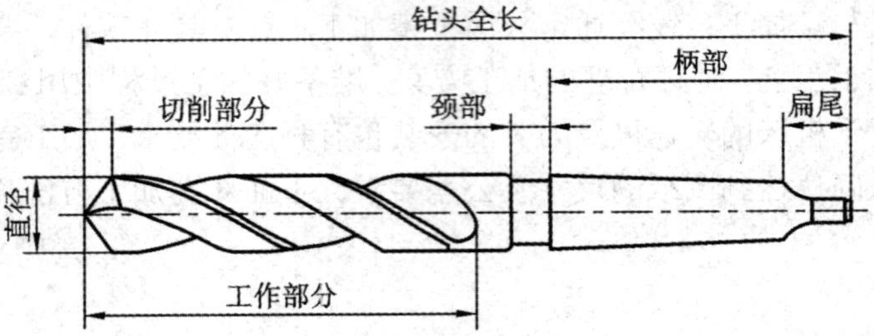

(a) 麻花钻的结构

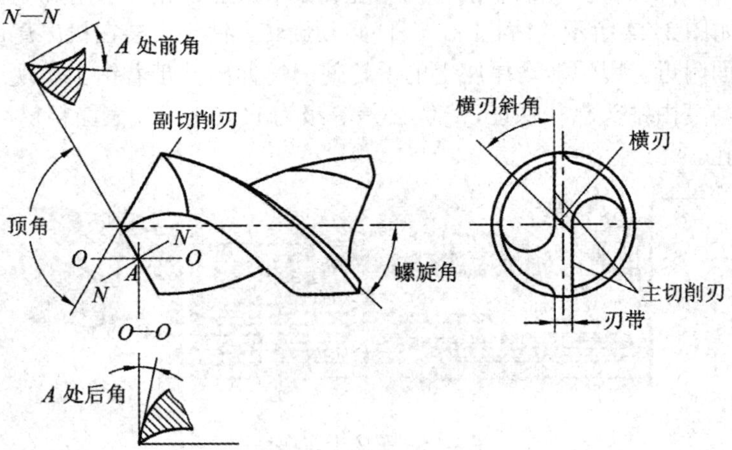

(b) 麻花钻的角度

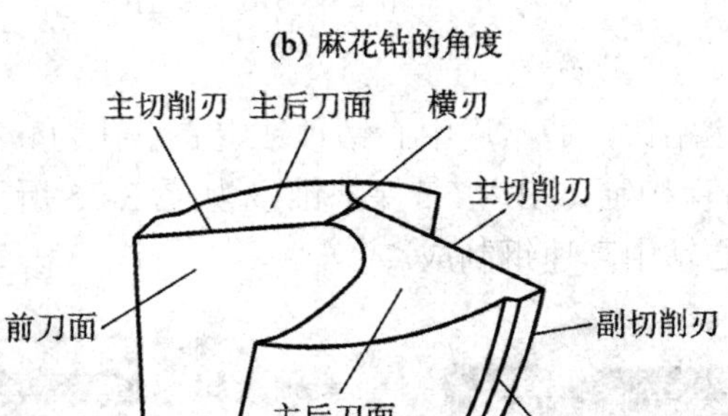

(c) 麻花钻的切削刃

图 3-26　麻花钻形状及切削角度

2) 麻花钻角度的检测方法

(1) 两主切削刃对称性的检测。可用万能角度尺直接测量。测量时将刻度值调至120°，角度尺另一边检查主切削刃长度。检查时可用透光法来比较两切削刃的高低。两主切削刃高度不一致时应修磨，直至相等。

(2) 钻头后角的检测。钻头的后角可用目测法。在后刀面上主切削刃应在最高处，说明后角方向正确。

3) 钻头的装卸

直柄麻花钻用钻夹头装夹，如图3-27所示。锥柄麻花钻用一个或数个变径套装夹，如图3-28所示。钻头装入尾座套筒时，必须擦净各结合面，同时用力顶紧形成自锁。

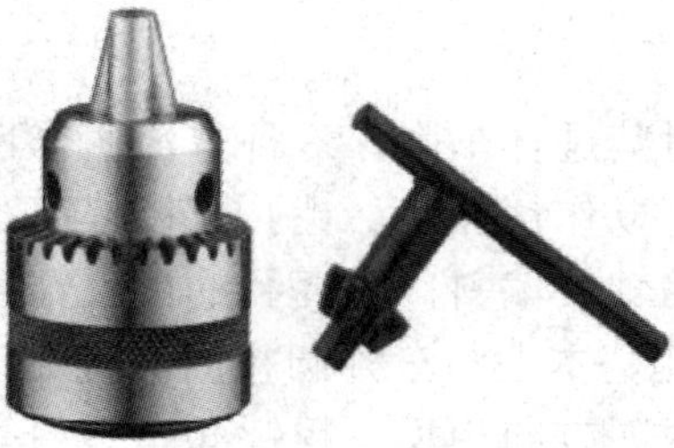

图3-27　钻夹头

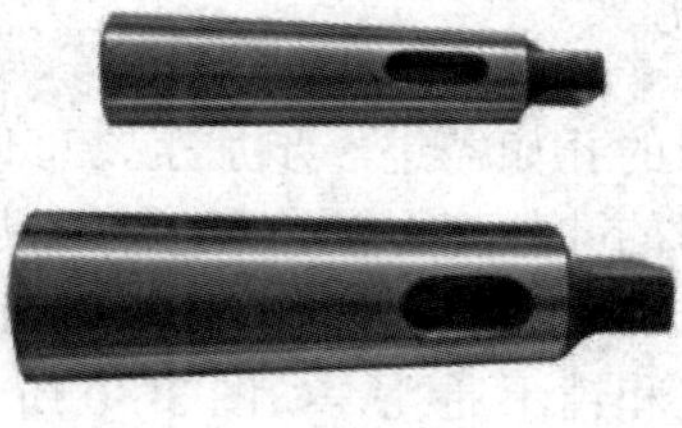

图3-28　变径套

4) 钻削用量的选择

在实体工件上钻孔时背吃刀量 a_p 为钻头直径的一半，通常取进给量 $f=(0.1\sim0.3)$ mm/r。钻脆性材料时可选取较大值。用高速钢钻头钻孔时，切削速度通常取 $v=(0.25\sim0.5)$ m/s。钻较硬材料时应选用最小值。

5) 钻孔的操作要领

(1) 钻孔前应根据钻孔直径选择尺寸合适的钻头，工件端面须车平，中心处不得有凸台。

(2) 钻头装入尾座套筒后必须校正钻头中心位置，使其与工件回转中心一致。

(3) 当钻头刚切入工件端面时不可用力过大，以免钻偏或折断钻头。

(4) 钻小直径孔时应先钻定位中心孔，再钻孔。

(5) 当用直径较小且长度较长的钻头钻孔时，为防止钻头晃动导致钻偏，可在刀架上夹一挡铁，钻头与工件端面相接触时，移动床鞍与中滑板使挡铁顶住钻头头部，如图3-29所示。操作时支撑力不能过大，否则会使钻头偏向另一边。当钻头在工件内正常切入后，即可退出挡铁。

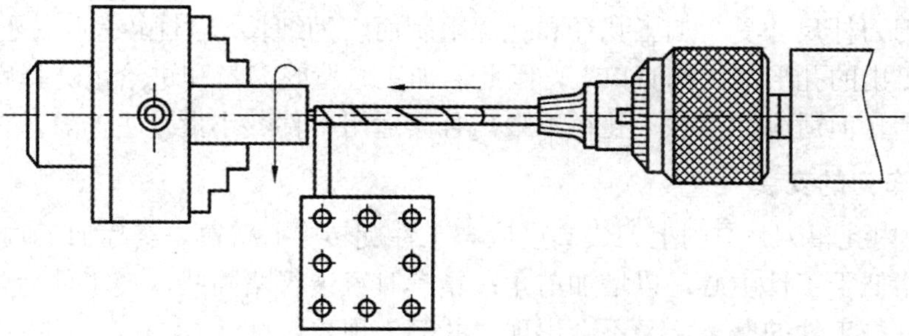

图3-29　小深孔钻削方法

(6) 当钻入工件 2 mm～3 mm 时应及时退出钻头，主轴停转后测量孔径是否符合要求。

(7) 深孔钻削时，手动进给速度要均匀，并经常退出钻头以清除切屑。同时，应注入充足的切屑液。

(8) 钻通孔时，当孔即将钻通时钻尖部分不参加工作，切削阻力明显减少，进刀时就会觉得很轻松，这时应及时减慢进给速度，直至完全钻穿，待钻头完全从孔内退出后再停止主轴转动。

(9) 钻盲孔时，为了控制钻孔深度，在钻头开始切入端面时即记下尾座套筒上的标尺刻度，或用钢直尺量出套筒的伸出长度，也可以在钻头上做记号以控制孔深。钻入工件后，根据刻度或用钢直尺及时测量钻孔深度。

二、镗孔

钻削的孔如需进一步加工，可以用镗刀对其进行车削，这种方法叫作镗孔。镗孔是最常用的孔加工方法，可以作粗加工，也可以作精加工。镗孔可以提高孔的尺寸精度，降低孔表面粗糙度值，还可纠正原有孔的轴线偏斜，提高孔的位置精度。镗孔分为镗通孔和镗不通孔，如图 3-30 所示。镗通孔基本上与车外圆相同，所用镗刀切削部分的几何形状也与外圆刀相似，只是进刀和退刀方向相反。粗镗和精镗内孔时也要进行试切和测量，其方法与车外圆相同。注意通孔镗刀的主偏角为 45°～75°，不通孔车刀主偏角大于 90°。

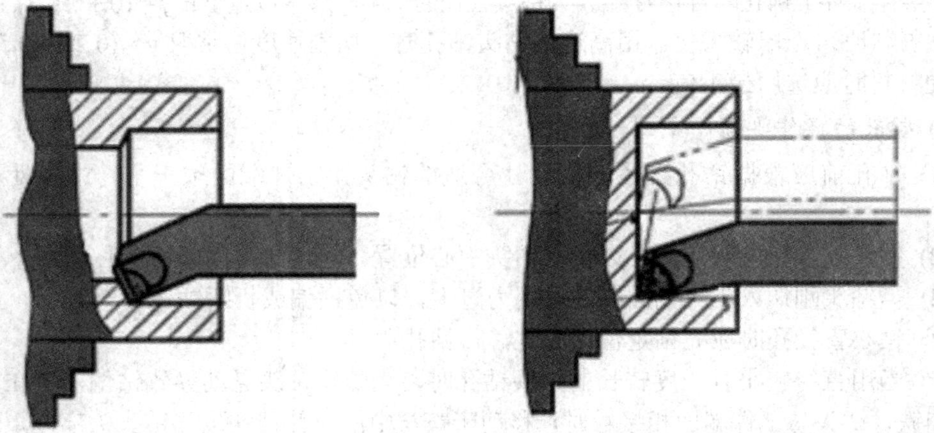

(a) 镗通孔　　　　　　　　(b) 镗不通孔

图 3-30　内孔车削

由于镗刀刀杆尺寸受待加工孔径和孔深限制而较为细长，刚性较差，易于产生“让刀”现象，使加工出的孔形成“喇叭口”，因此，加工时背吃刀量和进给量选择宜小，多次走刀，效率不高，但适应性很强，孔径不限，且其适用单件、小批量生产。

1. 内孔车刀的安装

(1) 装夹内孔车刀，原则上刀尖高度应与工件旋转中心等高，实际加工时要适当调整。粗车时刀尖略低于工件中心，以增加前角；精车时可装得略高些，使工件后角稍增大些，这既减少刀具与工件的摩擦，又不会出现“扎刀”现象。

(2) 刀杆应与孔中心线平行，车刀伸出长度应尽可能短。

(3) 车刀装夹后，在车孔前应移动床鞍手轮使刀具在毛坯孔内来回移动一次，以检查刀具和工件孔内壁有无碰撞。

2. 镗孔的操作

(1) 由于内孔车刀杆刚性较差，切削条件不好，因此切削用量应比车外圆时小。

(2) 粗镗时，应先试切，调整切削深度，然后自动或手动走刀。

(3) 精镗时，背吃刀量和进给量应更小，调整背吃刀量时应利用刻度盘，并用游标卡尺检查工件孔径。当孔径接近最终尺寸时，应以很小的背吃刀量重复镗削几次，以提高镗孔精度。

3. 镗孔的注意事项

(1) 车削过程中应注意观察切削情况。若排屑不畅，应及时修正车刀的几何角度或改变切削用量，以保证排屑流畅。

(2) 车削过程中如发现异音、刀具振动等情况，应及时停止车削退出车刀，通过修磨车刀或减小切削用量等办法来改善切削条件。

(3) 粗车通孔时，由于背吃刀量与进给量都较大，所以当孔将车通时应停止自动进给，改用手摇床鞍方式低速进给，以防崩刃。

(4) 孔口应按要求倒角或去锐边。

4. 内孔尺寸的测量

内孔的尺寸精度要求低时，通常用内卡钳与游标卡尺测量；孔的精度要求较高时，可用塞规或内径千分尺测量；当孔较深时，宜用内径百分表测量。

技能训练　加工台阶孔

一、实训目的

(1) 掌握中心钻与麻花钻的选用和安装。
(2) 掌握钻削时的操作要领。
(3) 掌握镗孔刀的刃磨、安装及使用要领。
(4) 掌握内孔尺寸的测量方法。

二、实训器材

实训器材要求见表 3-9 所示。

表 3-9　实训器材清单

实 训 器 材	数 量
中心钻	1 支
麻花钻	1 支
镗孔刀	1 把
游标卡尺	1 把

三、实训操作

1. 实训零件

实训零件为如图 3-31 所示轴孔配合件，要求尺寸精确，工艺合理。

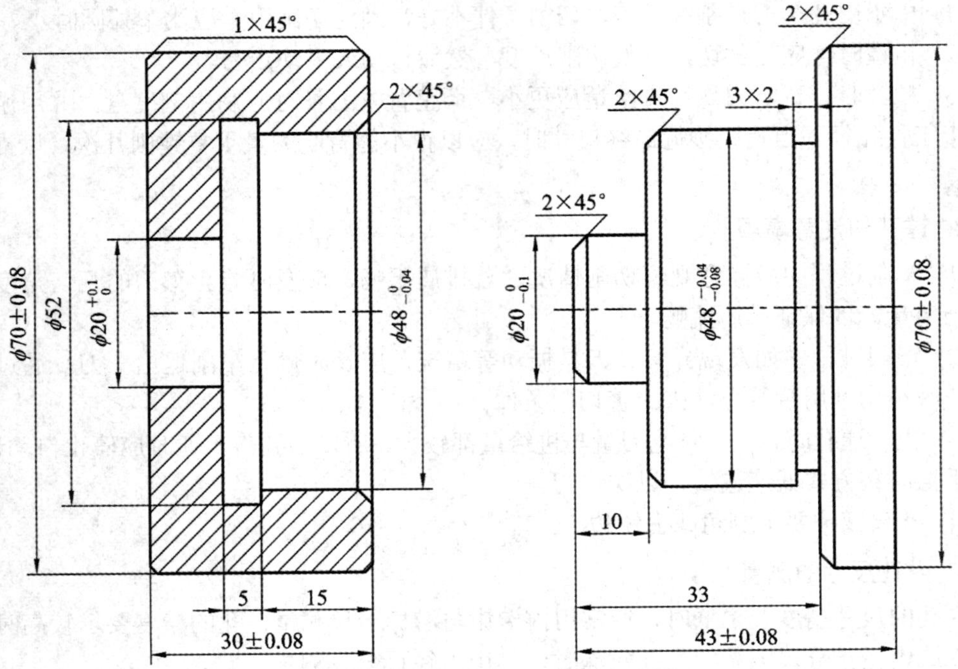

图 3-31　轴孔配合件

2. 操作步骤

(1) 准备好需要用到的工具、刀具、量具，并将刀具安装校正好。

(2) 选取长度为 30 mm 的材料，将其装夹于卡盘上。

(3) 使用中心钻钻中心定位孔。

(4) 选用ϕ18 麻花钻在材料上钻通孔。

(5) 使用内孔镗刀按照图纸尺寸依次由小到大将内孔尺寸车成。车削时注意单次切削量不要过大，控制在 1 mm 以内。

(6) 使用内切槽刀加工孔内退刀槽。

(7) 使用内孔车刀车削倒角。

(8) 按照尺寸将与之配合的轴件部分加工出来。

(9) 加工完毕后测量零件尺寸并将两者配合起来，合格后上交老师进行打分。

(10) 做好机床清洁卫生以及日常保养。

四、注意事项

(1) 内孔车刀安装时刀尖要等于或略高于工件的中心。

(2) 车削中严禁变换主轴转速。

(3) 镗孔时进刀和退刀的方向与加工外圆是相反的，避免撞刀。

(4) 注意加冷却液进行冷却和润滑，防止温度过高造成钻头退火。

五、实训考核

根据完成实训的综合情况进行考核，考核项目及评分方法如表 3-10 所示。

表 3-10　实训考核表

班级		姓名		扣分记录	得分
项目	考核要求	分值	评分细则		
车床安全知识	安全文明操作	20	1. 未规范操作一处扣 5 分； 2. 文明操作错误一处扣 5 分；		
车床各结构	1. 内孔直径尺寸； 2. 长度尺寸加工； 3. 表面粗糙度	60	1. 直径超差 0.01 扣 1 分； 2. 长度超差 0.01 扣 1 分； 3. 表面粗糙度不达标扣 10 分		
工具的使用	正确选用及使用工具、刀具、量具	10	1. 刀具选择错误一次扣 5 分； 2. 刀具安装错误一次扣 5 分		
现场整理	清洁、清扫、整理、整顿、教养、安全	10	1. 操作完未打扫卫生一次扣 5 分； 2. 使用完的工具未按要求归还到指定位置一次扣 5 分		
总　分		100	总得分		

任务五　普通三角螺纹车削

任务目标

了解螺纹的种类，螺纹各部分名称及尺寸参数；掌握螺纹车刀的刃磨和安装方法；掌握车削普通三角螺纹的步骤要领和注意事项。

知识链接

螺纹指的是在圆柱或圆锥母体表面上制出的螺旋线形的、具有特定截面的连续凸起部分。凸起是指螺纹两侧面的实体部分，又称牙。按用途的不同，螺纹可分为连接螺纹和传动螺纹。按牙型的截面形状可分为三角形螺纹、矩形螺纹、梯形螺纹、锯齿形螺纹及其他特殊形状螺纹，如图 3-32 所示。其中普通三角形螺纹的应用最广。

螺纹加工一般主要有攻牙法、车削法、铣削法、挤压成型法等几种方法，这里主要介绍车削法加工螺纹。车削螺纹的基本技术要求是保证螺纹的牙型和螺距的精度，并且相互配合的螺纹具有相同的中径。

在车床上加工螺纹主要用螺纹车刀，对于直径较小的螺纹，也可在车床上先加工出大径或底径，再用板牙或丝锥套攻螺纹。

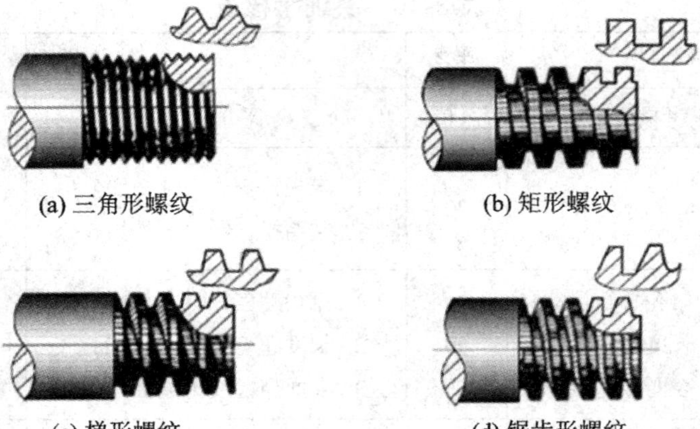

(a) 三角形螺纹　(b) 矩形螺纹　(c) 梯形螺纹　(d) 锯齿形螺纹

图 3-32　螺纹牙型分类

一、普通三角形螺纹各部分名称及尺寸参数

普通三角形螺纹的公称直径、中径、螺距和牙型高度等参数，如图 3-33 所示。

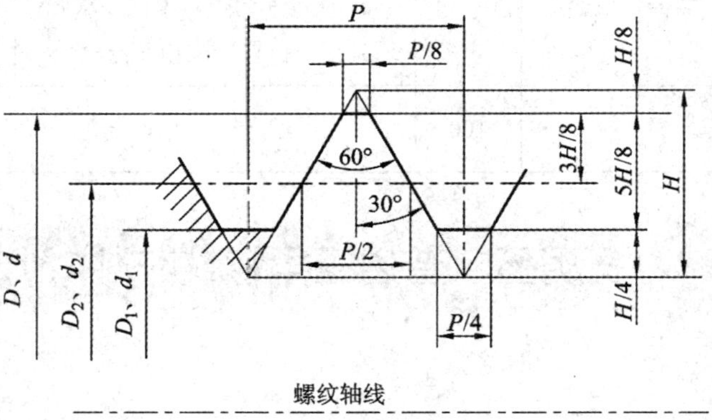

图 3-33　普通三角螺纹参数

图中：D——内螺纹大径(公称直径)；

d——外螺纹大径(公称直径)；

D_2——内螺纹中径；

d_2——外螺纹中径；

D_1——内螺纹小径；

d_1——外螺纹小径；

P——螺距；

H——原始三角形牙型高度。

螺纹的基本要素有三个：

(1) 螺距 P，是相邻牙在中径线上对应两点间的轴向距离。

(2) 牙型角度，是螺纹牙型上相邻两牙侧面间的夹角。

(3) 螺纹中径 $D_2(d_2)$，是通过螺纹轴向截面内牙型上的沟槽和凸起宽度相等处的假想圆柱的直径。内外螺纹中径尺寸一致时，两者才能很好地配合。

二、车削螺纹前的准备

1. 螺纹车刀及其安装

(1) 螺纹车刀是截面形状简单的成型车刀，其结构简单、通用性强，在各类生产类型中都有应用。由于螺纹牙型角度是由螺纹车刀的正确形状来保证的，因此，三角形螺纹车刀的刀尖及刀刃的角度应为 60°，而且精车时车刀的前角应等于零。

(2) 螺纹车刀安装时，刀尖中心与车床主轴线等高，刀尖角的等分线垂直主轴轴线，使螺纹两牙形半角相等。调整时，用对刀样板对刀，如图 3-34 所示。

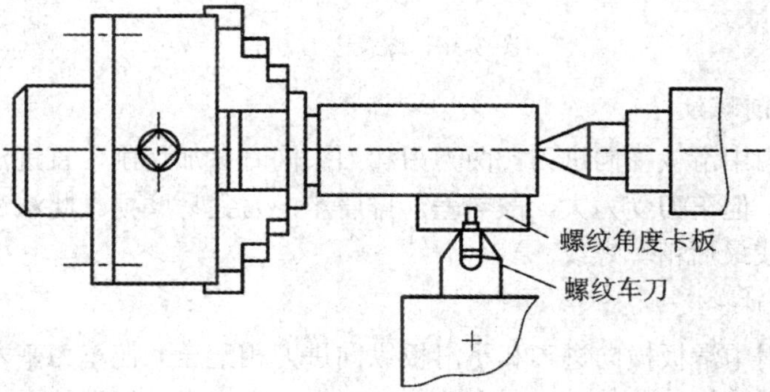

图 3-34　螺纹车刀安装

2. 车螺纹时车床运动的调整

在车床上车螺纹时，必须用丝杠带动刀架进给，使工件每转一周，刀具移动的距离等于螺纹的螺距或导程。车螺纹传动示意图如图 3-35 所示。在操作时可按车床进给箱标牌上的数值，按交换齿轮齿数及加工工件的螺距值，调整进给转速手柄，便可满足车螺纹要求。

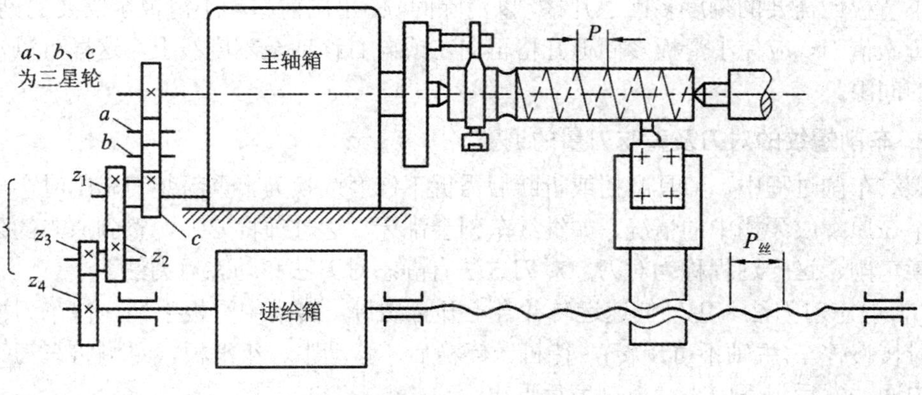

图 3-35　车螺纹传动示意图

三、车螺纹的方法和步骤

1. 车削螺纹的进刀方法

车削螺纹的进刀方法有直进法、斜进法和交错法，如图 3-36 所示。

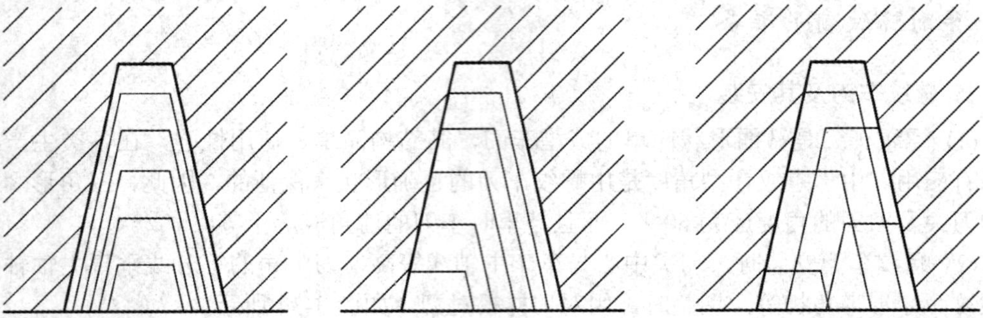

(a) 直进法　　(b) 斜进法　　(c) 交错法

图 3-36　螺纹进刀方法

1) 直进法车削螺纹

车螺纹时，用中滑板横向进刀，两刀刃和刀尖同时参加切削。直进法操作方便，能保证螺纹牙型精度，但车刀受力大，散热差，排屑难，刀尖易磨损。此法适用于车削脆性材料、小螺距螺纹或最后精车螺纹。

2) 斜进法车削螺纹

车螺纹时，用中滑板横向进刀和小滑板纵向进刀相配合，使车刀基本上只有一个刀刃参加切削，车刀受力小，散热和排屑有改善，可提高生产率。但螺纹牙型的一侧表面粗糙度较高，所以在最后一刀要留有余量，用直进法进刀修光牙型两侧。此法适用于塑性材料和大螺距螺纹的粗车。

3) 交错法车削螺纹

车螺纹每次进刀时，小滑板先带动方刀架作左右的微量进给，中滑板再作横向进给，这样多次进刀可将螺纹的牙槽先成型。交错法进刀时，应消除小滑板左右进给的间隙。操作方法如下：第一次向左借刀时，小滑板向主轴方向进给至需要的刻度线上，向右借刀时，应使小滑板比需要的刻度多回退几格，以消除间隙，再向前移动小滑板至需要的刻度线上。以后每次借刀，应使小滑板多回退几格再向左或向右移动至刻度线上，这样可以消除左右进给的间隙。

2. 车削螺纹的对刀及背吃刀量的调整

螺纹车削过程中，刀具磨损或折断后需拆下修磨或换刀。重新装刀车削时会出现刀具位置不在原螺纹牙槽中的情况，如继续车削会乱牙。这时须将刀尖调整到原来的牙槽中方能继续车削，这一过程称为对刀。对刀方法有静态对刀法和动态对刀法。

(1) 静态对刀法。主轴低速运转并合上开合螺母，转动中滑板手柄，待车刀接近螺纹表面时慢慢停车(主轴不可反转)，待机床停稳后，移动中、小滑板，目测将车刀刀尖移至牙槽中间，然后记下中小滑板刻度后退出。

(2) 动态对刀法。主轴低速运转并合上开合螺母，在开车过程中移动中、小滑板，将车刀刀尖对准螺纹牙槽中间。也可根据需要，将车刀的一侧刃与需要切削的牙槽一侧轻轻接触，待有微量切屑时记住小滑板刻度，然后退出车刀。为避免对刀误差，可在对刀的刻度上进行 1～2 次试切削。该方法的对刀精度高，但要求操作者反应快、动作迅速。

(3) 吃刀量的调整。重新装刀后，车刀的位置发生变化，对刀前应首先调整好吃刀量的起始位置。

3. 螺纹精车方法

螺纹的精车可通过调整吃刀量或测量螺纹牙顶宽度值来控制尺寸，并保证精车余量。螺纹精车步骤如下：

(1) 使螺纹车刀对准牙槽中间，当刀尖与牙槽底接触后，记下中、小滑板刻度并退出车刀。

(2) 分 1～2 次进给。用直进法车到牙槽底径，并记下中滑板的最后进刀刻度。

(3) 车螺纹牙槽一侧。在中滑板牙槽底径刻度上采用小滑板借刀法车削，观察并控制切屑形状，每次偏移量为 0.02 mm～0.05 mm，为避免牙槽底宽扩大，最后 1～2 次进给时中滑板可作适量进给。

(4) 用同样的方法精车另一侧面，同时注意螺纹尺寸。当牙顶宽接近 $P/8$ 时，可用螺纹环规检查螺纹尺寸。

(5) 精车时应加注切屑液，并尽量将精车余量留给第二侧面。螺纹车削完成后，牙顶上应用细齿锉刀修去毛刺。

(6) 检验螺纹工件是否合格。测量螺纹尺寸参数应着重测量牙型角、螺距和中径等要素是否符合图样要求。

四、螺纹车削注意事项

(1) 注意和消除滑板的“空行程”。

(2) 避免“乱牙”。当第一条螺旋线车好以后，第二次进刀车削时刀尖不在原来的螺旋线中，而是偏左或偏右，甚至车在牙顶中间，将螺纹车乱这个现象就叫做“乱牙”。预防乱牙的方法是采用主轴正反转法车削螺纹。选用交错法车削螺纹时小滑板移动距离不要过大，若车削过程中刀具损坏需重新换刀或者操作错误提起开合螺母时，应注意及时对刀。

(3) 对刀前先要安装好螺纹车刀，然后按下开合螺母，启动主轴正转低速运行并空走刀，移动中、小滑板使刀尖准确落入原来的螺旋槽中，同时根据所在螺旋槽中的位置重新做中滑板进刀的记号，再将车刀退出，主轴反转，将车刀退至螺纹头部，再进刀。

(4) “借刀”就是螺纹车削至深度后，将小滑板向前或向后移动一点距离再进行车削，借刀时注意小滑板移动距离不能过大，以免将牙槽车宽造成“乱扣”。

(5) 使用两顶尖装夹方法车螺纹时，工件卸下后再重新车削时，应该先对刀。

(6) 安全注意事项如下：

① 车螺纹前先检查好所有手柄是否处于车螺纹相应位置，不得盲目开车。

② 用高速钢车刀车螺纹时，主轴转速不能太快，以免刀具磨损。

③ 要防止车刀或者是刀架、滑板与卡盘、床尾相撞。

④ 旋螺母时，应将车刀退离工件，防止车刀将手划破，不要开车旋紧或者退出螺母。

五、车削螺纹的质量问题分析

车削螺纹的质量问题分析如表 3-11 所示。

表 3-11　车削螺纹时产生质量问题的原因及预防方法

质量问题种类	产生原因	预防方法
尺寸不正确	1. 车外螺纹前的直径不对； 2. 车内螺纹前的孔径不对； 3. 车刀刀尖磨损； 4. 螺纹车刀切深过大或过小	1. 根据计算尺寸车削外圆与内孔； 2. 经常检查车刀并及时修磨； 3. 车削时严格掌握螺纹切入深度
螺纹螺距不正确	1. 挂轮在计算或搭配时错误； 2. 进给箱手柄位置放错； 3. 车床丝杠和主轴窜动； 4. 开合螺母松动	1. 车削螺纹时先车出很浅的螺旋线检查螺距是否正确； 2. 调整好开合螺母，必要时在手柄上挂上重物； 3. 调整好车床主轴和丝杠的轴向窜动量
牙型不正确	1. 车刀安装不正确，产生半角误差； 2. 车刀刀尖角刃磨不正确； 3. 刀具磨损	1. 用样板对刀 2. 正确刃磨和测量刀尖角 3. 合理选择切削用量和及时修磨车刀
螺纹表面不光滑	1. 切削用量选择不当； 2. 切屑流出方向不对； 3. 产生积屑瘤拉毛螺纹侧面； 4. 刀杆刚性不够产生振动	1. 高速钢车刀车螺纹的切削速度不能太大，切削厚度应小于 0.06 mm，并加切削液； 2. 硬质合金车刀高速车螺纹时，最后一刀的切削厚度要大于 0.1 mm，切屑要垂直于轴心线方向排出； 3. 刀杆不能伸出过长，并选粗壮刀杆
扎刀和顶弯工件	1. 车刀径向前角太大； 2. 工件刚性差，切削用量选择过大	1. 减小车刀径向前角，调整中滑板丝杠螺母间隙； 2. 合理选择切削用量，以增加工件装夹刚性

技能训练　车削机械螺栓

一、实训目的

(1) 掌握螺纹的分类和要素。
(2) 掌握螺纹车刀的刃磨和安装方法。
(3) 掌握车螺纹的方法和具体步骤。
(4) 了解螺纹车削过程中的要领和注意事项。

二、实训器材

实训器材要求如表 3-12 所示。

表 3-12　实训器材清单

实 训 器 材	数 量
90° 外圆车刀	1 把
切槽刀	1 把
60° 尖头螺纹车刀	1 把
环规	1 个
游标卡尺	1 把
千分尺	1 把

三、实训操作

1. 实训零件

实训零件为如图 3-37 所示机械螺栓，要求车退刀槽和倒角，尺寸精确，工艺合理。

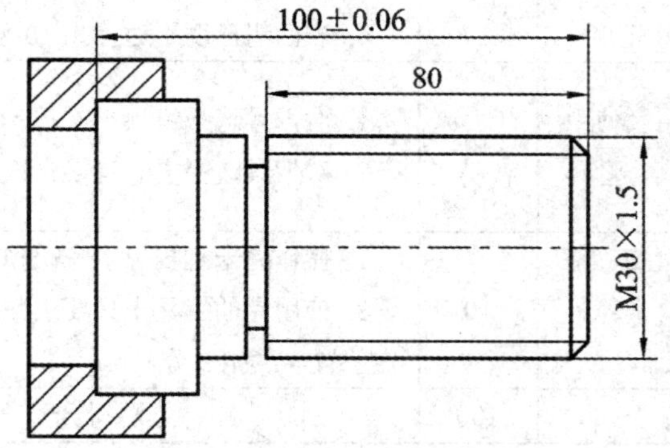

图 3-37　机械螺栓

2. 操作步骤

(1) 整理穿戴好工作服，领口、袖口要扣紧。
(2) 领用需要用到的工具、刀具、量具。
(3) 将刀具按要求正确安装到位。
(4) 使用 90° 外圆车刀将 M30×1.5 螺纹的圆柱面车削好并倒角。
(5) 用切槽刀在指定位置切出退刀槽。
(6) 刀具转换到 60° 尖头螺纹车刀，准备车螺纹。
(7) 调节机床上的手柄，打到正确的转速和导程挡位上。
(8) 使用直进法车削螺纹，车削过程中双手的分工动作要协调。
(9) 分层车削螺纹，建议分 10 次左右完成。
(10) 车完后检测并上交打分。
(11) 做好机床清洁卫生和日常保养。

四、注意事项

(1) 加工圆柱面时，直径尺寸应略小于螺纹大径 0.1 mm～0.2 mm。

(2) 车削螺纹时应先用机床最低转速，待逐渐适应后可将转速适当提高。

(3) 螺纹车刀运行到退刀槽时应立即退刀，避免撞刀。

(4) 加工螺纹时开合螺母全程不提起来，避免乱牙。

五、实训考核

根据完成实训的综合情况进行考核，考核项目及评分方法如表 3-13 所示。

表 3-13　实训考核表

班级		姓名		扣分记录	得分
项目	考核要求	分值	评分细则		
车床安全知识	安全文明操作	20	1. 未规范操作一处扣 5 分； 2. 文明操作错误一处扣 5 分		
车床的操作	1. 工件直径尺寸； 2. 长度尺寸加工； 3. 螺纹尺寸； 4. 表面粗糙度	60	1. 直径超差 0.01 扣 1 分； 2. 长度超差 0.01 扣 1 分； 3. 螺纹尺寸超差 0.01 扣 2 分； 4. 表面粗糙度不达标扣 10 分		
工具使用	正确选用及使用工具、刀具、量具	10	1. 对刀具选择错误一次扣 5 分； 2. 对刀具选择安装错误一次扣 5 分		
现场整理	清洁、清扫、整理、整顿、素养、安全	10	1. 操作完未打扫卫生一次扣 5 分； 2. 使用完的工具未按要求归还到指定位置一次扣 5 分		
总　分		100	总得分		

项 目 小 结

车削加工是机械加工中的重要组成部分，在切削过程中主运动速度最高，消耗机床的动力最多，主运动一般只有一个，而进给运动可能有一个或几个；切削时应该合理选择切削速度、进给速度和背吃刀量；切削离不开刀具，车刀切削部分由三面、两刃、一尖组成，在选择车刀的几何角度时，粗加工时选择较小的前角、后角和较大的副偏角，精加工时与之相反；在进行轴类零件切削加工时，应注意基准先行、先粗后精、先主后次、先面后孔的原则。车床适宜加工的回转面有圆柱面、圆锥面、螺纹轴及孔等。经过普通车床的操作训练，能够掌握车工基本知识,运用基本技能独立完成车削工作。

思 考 与 练 习

一、简述题

(1) 卧式车床由哪几部分组成？各有何功能？

(2) 刀具材料应满足的要求是什么？

(3) 车床主轴转速是切削速度吗？车端面时主轴转速不变，切削速度是否变化？

(4) 螺纹车刀的形状和外圆车刀有何区别？应如何安装？

(5) 车床上加工孔的方法有哪些？注意事项有哪些？

二、技能训练操作

完成图 3-38 所示零件加工(车工中级职业资格试题)。

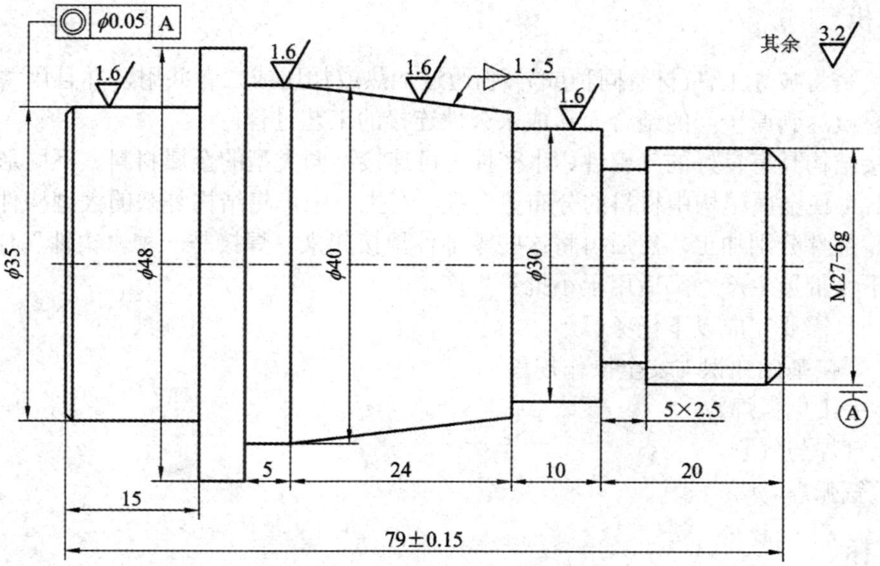

图 3-38　车工中级职业资格操作试题

实训项目四　焊接工艺与技能

项目分析

焊接是将被焊工件(材质同种或异种)通过加热或加压或二者并用，并且用填充材料使工件的材质达到原子间的结合而形成永久性连接的工艺过程。

焊接结构具有良好的气密性、水密性，可连接不同类型的金属材料、不同形状及尺寸的材料，可使金属结构中材料的分布更合理。在生产中可将结构复杂的大型构件分解为许多小型零部件分别加工，然后再将这些零部件焊接起来。焊接是一种“柔性”加工工艺，既适用于大批量生产，又适用于小批量生产。

本项目需要完成以下任务：

(1) 焊接基础知识与安全操作规程。

(2) 手工电弧焊。

(3) 气焊与气割。

(4) 氩弧焊。

知识目标

(1) 了解手工电弧焊的基本原理。

(2) 了解各种焊接方式的特点。

(3) 了解气焊与气割的基本原理。

(4) 了解氩弧焊的基本原理。

能力目标

(1) 掌握手工电弧焊的操作方法。

(2) 掌握平焊的技术要领。

(3) 掌握对接焊的技术要领。

(4) 掌握氧气-乙炔气割的技术要领。

(5) 掌握氧气-乙炔气焊的技术要领。

(6) 掌握手工钨极氩弧焊的技术要领。

任务一　焊接安全技术操作规程与电弧焊基础知识

任务目标

掌握焊接安全技术操作规程知识，了解焊接的特点、焊接方法的分类及焊接应用的行业领域。

知识链接

一、焊接安全技术操作规程

1. 电弧焊安全技术操作规程

(1) 操作时须穿戴防护服和绝缘手套，不得将皮肤暴露在弧光下，以防灼伤皮肤。

(2) 戴好防护面罩并且电焊作业场所应尽可能设置挡光设施，以免弧光灼伤操作人员及周围人员的眼睛。

(3) 焊接过程中严禁调节电焊的电流或断开配电箱电源开关，以防弧光伤人或损坏电焊机。

(4) 启动电焊机要在老师指导下进行，按正确程序启动。

(5) 严禁将焊钳放在焊接工作台上，以防短路。

(6) 禁止直接用手触碰刚焊过的钢板及焊条残料，以防烫伤。

(7) 清除熔渣时，要注意防止熔渣飞入眼睛造成伤害。

(8) 严禁用气焊眼镜代替电焊面罩，以防灼伤眼睛和面部皮肤。

(9) 如发生安全事故，应立即切断电源，并告知指导教师，等候处理。

2. 气焊与气割安全操作规程

(1) 操作前应检查氧气瓶、乙炔瓶的减压阀和高压表、低压表是否齐全有效，各表安装紧固，不得有松动、破损和漏气。

(2) 氧气瓶与乙炔瓶储存和使用时的距离不得小于 10 米，氧气瓶、乙炔瓶与明火或割炬(焊炬)间距不得小于 10 米。

(3) 操作氧气瓶时应保持接触物的干净，禁止用带油污的物品操作。

(4) 点燃焊(割)炬时，应先开乙炔阀点火，再开氧气阀调整火焰，关闭时先关闭乙炔阀，再关闭氧气阀。

(5) 工作中如发现氧气瓶阀门损坏不能正常关闭时，应让瓶内的氧气自动完全释放后再拆卸维修。

(6) 工作中氧气软管着火时不得折弯软管断气，应迅速关闭氧气阀门，停止供气。乙炔软管着火时，应先关熄火炬，可折弯着火点前端的一段软管将火熄灭。

(7) 不得将软胶管扛在肩膀或后背上操作。

(8) 割(焊)炬内带有乙炔和氧气时不得放在金属管、金属槽或金属箱内。

(9) 工作完毕后，应关闭氧气瓶、乙炔瓶，拆下氧气表、乙炔表，拧上气瓶安全帽。

(10) 以上工作结束后，认真检查操作地点及周围的情况，确认无起火危险后方可离开。

3. 氩弧焊安全操作规程

(1) 开机前应检查氩弧焊机、电源线、氩气瓶等设施设备，须保持正常状态。

(2) 严禁将导电物品堆放在氩弧焊机周围。

(3) 氩气瓶不准碰撞，立放时必须有支架，并远离明火 3 米以上。

(4) 安装氩气表时必须将气表和气瓶的螺纹连接旋紧防止漏气，开气时身体、头部严禁对准氩气表和气瓶开关阀。

(5) 移动焊机时必须切断总电源，严禁带电移动焊机。

(6) 工作完毕后要关好气门，关闭电源开关，再切断总电源方可离开工作岗位。

4. 5S 管理和焊接相关安全规定

1) 焊接现场 5S 管理

(1) 1S——整理(SEIRI)：增加焊接作业面积，防止误用等。

(2) 2S——整顿(SEITON)：焊接工作场所整洁明了，减少取放物品的时间，提高工作效率，保持井井有条的工作区。

(3) 3S——清扫(SEISO)：清除现场内的焊接废料及作业区域的物料垃圾。

(4) 4S——清洁(SEIKEETSU)：使整理、整顿和清扫工作成为一种惯例和制度，是标准化的基础，也是一个企业形成企业文化的开始。

(5) 5S——素养(SHITSUKE)：自觉遵守和执行各种规章制度和标准，养成良好的习惯。

2) 电焊作业消防安全规定

(1) 在易燃、易爆气体或液体扩散的可燃物场所内进行焊接时，应严格办理审批手续，做好充分准备后，在规定的时间内进行焊接。

(2) 施工时，应清除周围的易燃、易爆物品或进行可靠的防护措施。

(3) 电弧切割或焊接有色金属及表面涂有油品的物件时，作业区环境应良好，人要在上风处。

(4) 电焊着火时，应先切断焊机电源，再用二氧化碳、干粉等灭火器灭火，禁止使用泡沫灭火器。

(5) 在有火灾、爆炸危险的场所内，一般不得进行焊接作业，需要检修的设备应拆卸后移到安全地点修理。

(6) 施工作业结束后彻底清理工作现场，并进行一段时间的监护，确定没有问题再离开现场，做到不留死角。

二、焊接概述

1. 焊接的特点

(1) 焊接可将各个零部件直接连接起来，无需其他附加件，接头强度一般也能达到与母材强度相同，因此，焊接产品的重量轻、成本低。

(2) 焊接接头是通过原子间的结合力实现的连接，其均匀性及整体性好、刚度大，在外力作用下不易产生较大的变形。

(3) 焊接结构具有良好的气密性、水密性。

(4) 焊接可连接不同类型的金属材料、不同形状及尺寸的材料，可使金属结构中材料的分布更合理。

(5) 可将结构复杂的大型构件分解为许多小型零部件分别加工，然后再将这些零部件焊接起来，这样就简化了金属结构的加工工艺，缩短了加工周期。

(6) 焊接是一种“柔性”加工工艺，既适用于大批量生产，又适用于小批量生产。

2. 焊接的分类

焊接的种类很多，按焊接过程的工艺特点，通常将焊接方法分为熔化焊(如手工电弧焊、气焊等)、钎焊(如超声波钎焊、烙铁钎焊等)和压力焊(如电阻焊、摩擦焊等)三大类，如表4-1所示。

表4-1　焊 接 的 分 类

<table>
<tr><th colspan="8">熔化焊</th><th colspan="5">钎焊</th><th colspan="9">压力焊</th></tr>
<tr><td colspan="2">电弧焊</td><td rowspan="2">气焊</td><td rowspan="2">电子束焊</td><td rowspan="2">激光焊</td><td colspan="2">气体保护焊</td><td rowspan="2">铝热焊</td><td rowspan="2">烙铁钎焊</td><td rowspan="2">超声波钎焊</td><td rowspan="2">电阻钎焊</td><td rowspan="2">火焰钎焊</td><td rowspan="2">真空钎焊</td><td rowspan="2">摩擦焊</td><td colspan="4">电阻焊</td><td rowspan="2">气压焊</td><td rowspan="2">冷压焊</td><td rowspan="2">高频焊</td><td rowspan="2">爆炸焊</td></tr>
<tr><td>手工电弧焊</td><td>埋弧自动焊</td><td>氩弧焊</td><td>CO_2气体保护焊</td><td>点焊</td><td>对焊</td><td>缝烛</td><td>凸焊</td></tr>
</table>

熔化焊是利用一定的热源，使构件的被连接部位局部熔化成液体，然后再冷却结晶成一体的方法。

钎焊是采用熔点比母材低的材料作钎料，将焊件和钎料加热至高于钎料熔点，但低于母材熔点的温度，使液态钎料充满接头间隙，熔化钎料润湿母材表面，冷却后结晶形成冶金结合的方法。

压力焊是利用摩擦、扩散和加压等物理作用，克服两个连接表面的不平度，除去氧化膜及其他污染物，使两个连接表面上的原子相互接近到晶格距离，从而在固态条件下实现连接的方法。

3. 焊接的应用

目前焊接应用于航空、车辆、船舶、建筑及国防工业等部门，主要用于以下方面。

(1) 制造金属结构：如船体、桥梁、机床床身、壳体、管道及各种容器等。

(2) 制造机器零件或毛坯：如飞轮、大型齿轮、电站设备中的重要部件、切削刀具等。

(3) 连接电气导线：如变压器绕组和输电线路中的导线等。

(4) 维修领域：如铸铁件、铸钢件的缺陷补焊等。

三、电弧焊的基础知识

1. 电弧焊的定义

电弧焊是利用电弧产生的热量使焊件结合处的金属呈熔化状态互相融合，冷凝后结合在一起，从而达到连接金属的目的。电弧焊包括手工电弧焊、埋弧自动焊等，是在焊接生产中使用最广泛的方法。

2. 电弧焊的原理

电弧焊的焊接电弧是指在具有一定电压的两电极间，在局部气体介质中产生的强烈而持久的放电现象。产生电弧的电极是焊条和焊件。焊接电弧的原理如图4-1所示。引燃电弧后，弧柱区域充满了高温电离气体，放出大量的热能和强烈的光，加热焊件材料和焊条。电弧中阴极区是电子供应区，温度约 2400℃；阳极区为电子轰击区，温度约 2400℃；引柱区是电弧中心区，温度较高，可达到 5000℃～50000℃。

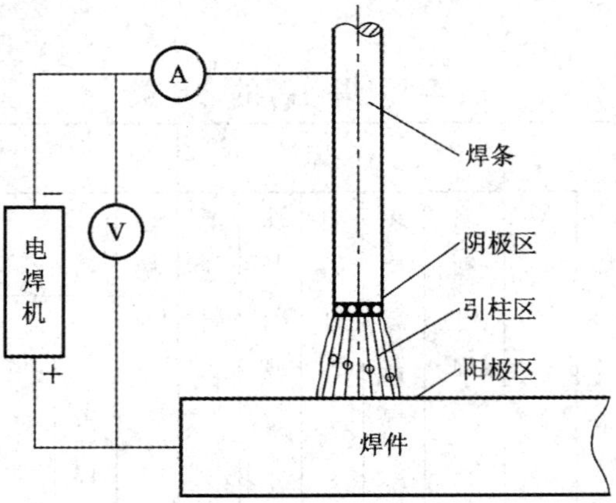

图 4-1　焊接电弧

技能训练　焊条引弧基本操作

一、实训目的

(1) 掌握常用的电弧焊设备。
(2) 掌握电弧引燃的两种方法。

二、实训器材

实训器材要求如表 4-2 所示。

表 4-2　实训器材清单

实训器材	数量
交流电弧焊机	1 台
焊钳	1 把
焊接电缆	20 米
焊条保温筒	1 个
敲渣锤和钢丝刷	1 套
角向磨光机	1 台
扁铲	1 把
焊接母材	若干
焊工劳保用品	1 套

三、实训操作

手工电弧焊时引燃电弧的过程称为引弧，常用的引弧方法有划擦引弧法和直击引弧法，如图 4-2 所示。要求引燃电弧后持续 15 秒不熄灭，视为操作完成。

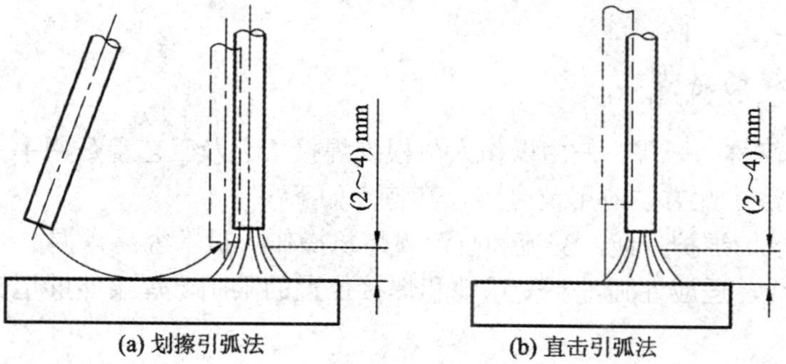

图 4-2　引弧方法

四、注意事项

(1) 严格遵守安全操作规程。
(2) 注意引弧方法。

五、实训考核

根据完成实训的综合情况进行考核，考核项目及评分方法如表 4-3 所示。

表 4-3　实训考核表

班级		姓名		扣分记录	得分
项目	考核要求	分值	评分细则		
焊接参数调整	开机顺序正确	10	开机错误一次扣 5 分		
	焊接电流调整合理	20	电流调整错误一次扣 5 分		
	搭铁安装正确	10	未正确安装一次扣 10 分		
焊接操作	焊条安装正确	10	未正确安装一次扣 10 分		
	焊接母材安装正确	10	未正确安装一次扣 10 分		
	引弧操作正确	30	引弧不成功一次扣 10 分		
	安全、文明生产规范	10	未规范操作一次扣 10 分		
总　分		100	总得分		

任务二　手工电弧焊

任务目标

了解手工电弧焊的焊接过程及其特点，手工电弧焊设备与操作。理解并掌握手工电弧焊工艺参数的选择，以及对接焊和平焊的焊接方法。

知识链接

一、手工电弧焊的特点

手工电弧焊简称手弧焊，是由操作人员根据焊接工艺及工艺参数用手工操纵焊条进行焊接的电弧焊方法。此方法应用范围广，其特点如下：

(1) 设备简单，维护方便，交流和直流弧焊机操作人员都容易掌握。

(2) 操作灵活，适应性强，不受场地和焊接位置的限制，焊条能够达到的地方都能进行焊接。

(3) 应用范围广，选用合适的焊条可以焊接低碳钢、合金钢及有色金属，还可以焊接特种金属。

(4) 生产效率低，劳动条件差。手工电弧焊焊工需要在高温和有烟尘的环境中工作，劳动条件较差。同时，更换焊条和清渣次数多，生产效率低。

二、手工电弧焊设备与操作过程

1. 手工电弧焊设备

手工电弧焊设备包括电焊机、连接电缆、电焊钳和尖头锤，以及配备安全防护用具的防护面罩和绝缘手套等。电焊机是主要设备，为焊接电弧焊提供电源。常用的电焊机有交流弧焊机和直流弧焊机两大类，本任务主要学习交流焊弧机。

交流弧焊机又称弧变压器，具有结构简单、噪声小、成本低、维修方便等优点。交流电焊机是电弧焊的电源，如图 4-3 所示。

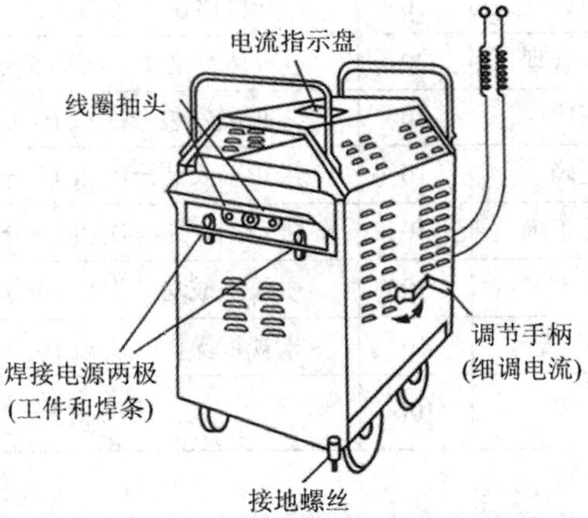

图 4-3　交流弧焊机

交流弧焊机必须满足以下性能：

(1) 焊接开始时，它可以将工业用的 220 V 或 380 V 电压降至 60 V～80 V(焊机空载电压)，以满足引弧的需要。

(2) 焊接过程中，能提供稳定的低电压、大电流。

(3) 焊接电流可以调节。

(4) 当焊条与焊件短路时，能把短路电流限制在焊机工作电流的 1.5～2 倍的安全范围内，防止焊机的线圈及电气配件烧坏。

2. 手工电弧焊操作

手工电弧焊操作是操作人员将焊钳和焊件分别连接到焊机输出的两极，并用焊钳夹持焊条，沿焊接的方向前进；随着新的熔池不断产生，原先的熔池不断冷却、凝固形成焊缝，从而使两个分离的焊件焊成一体。焊接操作过程中可以将焊件放在工作台上，手工电弧焊操作如图 4-4 所示。

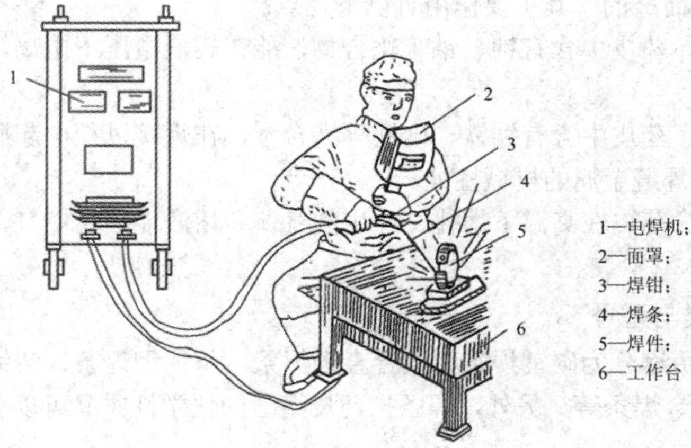

图 4-4　手工电弧焊操作示意图

3. 手工电弧焊焊接过程

手工电弧焊操作过程中，电弧热使焊件接头处的金属和焊条端部迅速熔化形成熔池，同时电弧热还使焊条的药皮熔化、燃烧，被熔化的药皮与熔池金属发生物理化学反应，所形成的熔渣不断从熔池中浮起，对熔池加以覆盖保护；药皮受热分解产生大量保护气体，围绕在电弧周围并笼罩住熔池，防止空气中的氧和氮侵入。当焊条向前移动时，随着新的熔池不断产生，原先的熔池不断冷却、凝固，形成焊缝使两个分离的焊件焊成一体，如图 4-5 所示。

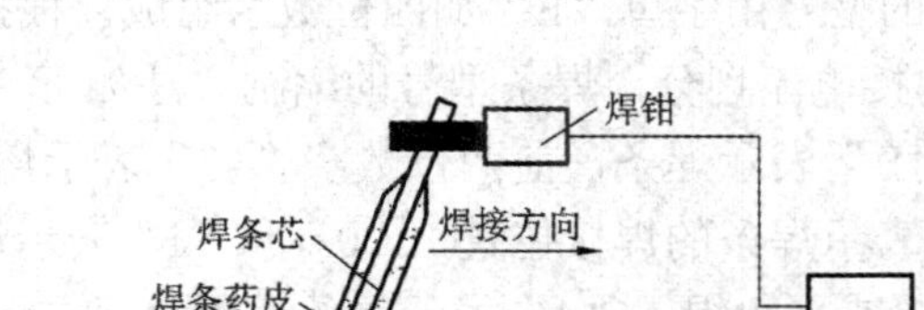

图 4-5　电弧焊焊接过程

三、焊条

焊条是涂有药皮的供手工电弧焊使用的熔化电极，由金属焊芯和药皮两部分组成。

1. 金属焊芯

焊芯是金属丝，其作用是在焊接过程中传导电流，产生电弧，并且在熔化后作为填充金属与被熔化的母材熔合形成焊缝。

为保证焊缝金属具有良好的塑性、韧性并减少裂纹产生的倾向，焊芯由较低的含碳量、含硅量、低于 0.04%含磷量的金属丝制成。焊条的规格用焊芯的直径表示，常用的规格有ϕ2.0 mm～ϕ6.0 mm，长度为 300 mm～400 mm。

2. 药皮

药皮是压涂在焊芯表面上的涂料层，是由矿石粉、有机物粉、铁合金粉和黏结剂等原料按一定比例配制而成的。其主要作用有以下几点：

(1) 稳定电弧。药皮中含有钾、钠等化合物，能在较低电压下电离，容易引弧且使电弧稳定燃烧。

(2) 冶金作用。药皮中含有锰铁、硅铁等铁合金，在焊接过程中起脱氧、去硫、渗合金等作用，以提高焊缝金属的机械性能。

(3) 机械保护。药皮在高温下熔化，产生的气体和熔渣能隔离空气，减少了氧和氮对熔池的侵入。

3. 焊条的分类与型号

(1) 焊条按其用途分为碳钢焊条、低合金钢焊条、不锈钢焊条、铸铁焊条、铜及铜合金焊条、铝及铝合金焊条等。另外，焊条按药皮熔渣的化学性质又可以分为酸性焊条和碱性焊条两大类。

① 酸性焊条的药皮中主要含有 TiO_2、FeO 和 SiO_2 等酸性氧化物，所以焊条药皮的氧化性较强。酸性焊条的主要特点是焊接工艺性能良好，对油、锈和水分的敏感性不大，抗气孔能力强，适用于一般的低碳钢和强度等级低的合金钢焊接。

② 碱性焊条的药皮中主要含有 $CaCO_3$、Na_2O 等碱性氧化物，并含有较多的铁合金作为脱氧剂和渗合金剂，使焊条具有足够的脱氧能力。碱性焊条的主要特点是焊缝金属的抗裂性良好，力学性能特别是冲击韧性较高，但碱性焊条工艺性能差，主要适用于低合金钢、合金钢及承受低荷载的低碳钢重要结构的焊接。

(2) 焊条型号。焊条的型号由字母“E”加四位数字组成，根据熔敷金属的力学性能、药皮类型、焊接位置和焊接电流划分，焊条型号的编制方法如下。

例如 E4315，字母“E”表示焊条，前两位数字“43”表示熔敷金属的最低抗拉强度为 430 MPa；第三位数字表示焊条的焊接位置，“0”和“1”表示焊条适用于全位置焊接，“2”表示焊条适用于平焊或平角焊，“4”表示焊条适用于下立焊；第三位和第四位数字组合时，表示焊接电流种类和药皮类型，如图 4-6 所示。

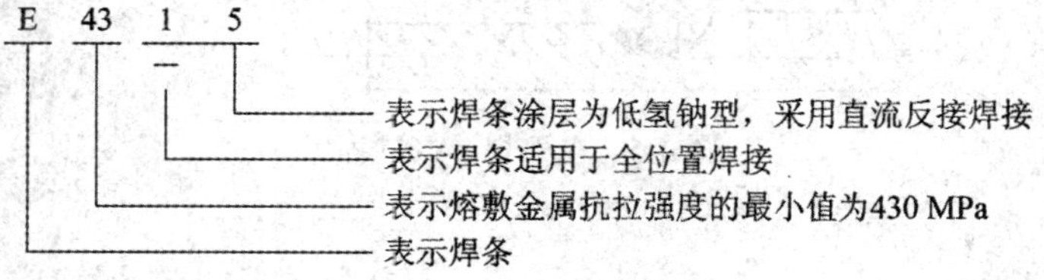

图 4-6　焊条型号

四、手工电弧焊工艺

手工电弧焊工艺包括焊接接头和坡口形式、焊接的空间位置、焊缝符号与位置标准等，还包括选择焊条直径，正确调节焊接电流，焊接速度和弧长。

1. 接头和坡口形式

根据焊件厚度和工作条件的不同，需要采用不同的焊接接头形式，常用的有对接、搭接、角接和 T 形接头四种。对接接头是各种接头中受力均匀、最省材料的接头形式，重要的受力焊缝应优先选用对接形式。

坡口的作用是为了保证电弧深入焊缝根部，使根部能焊透，以便清除熔渣，获得较好的焊接质量。选择坡口形式时应保证焊缝焊透，坡口形式容易加工，尽可能提高劳动生产率，节省焊条。常用的焊接接头和坡口形式如图 4-7 所示。

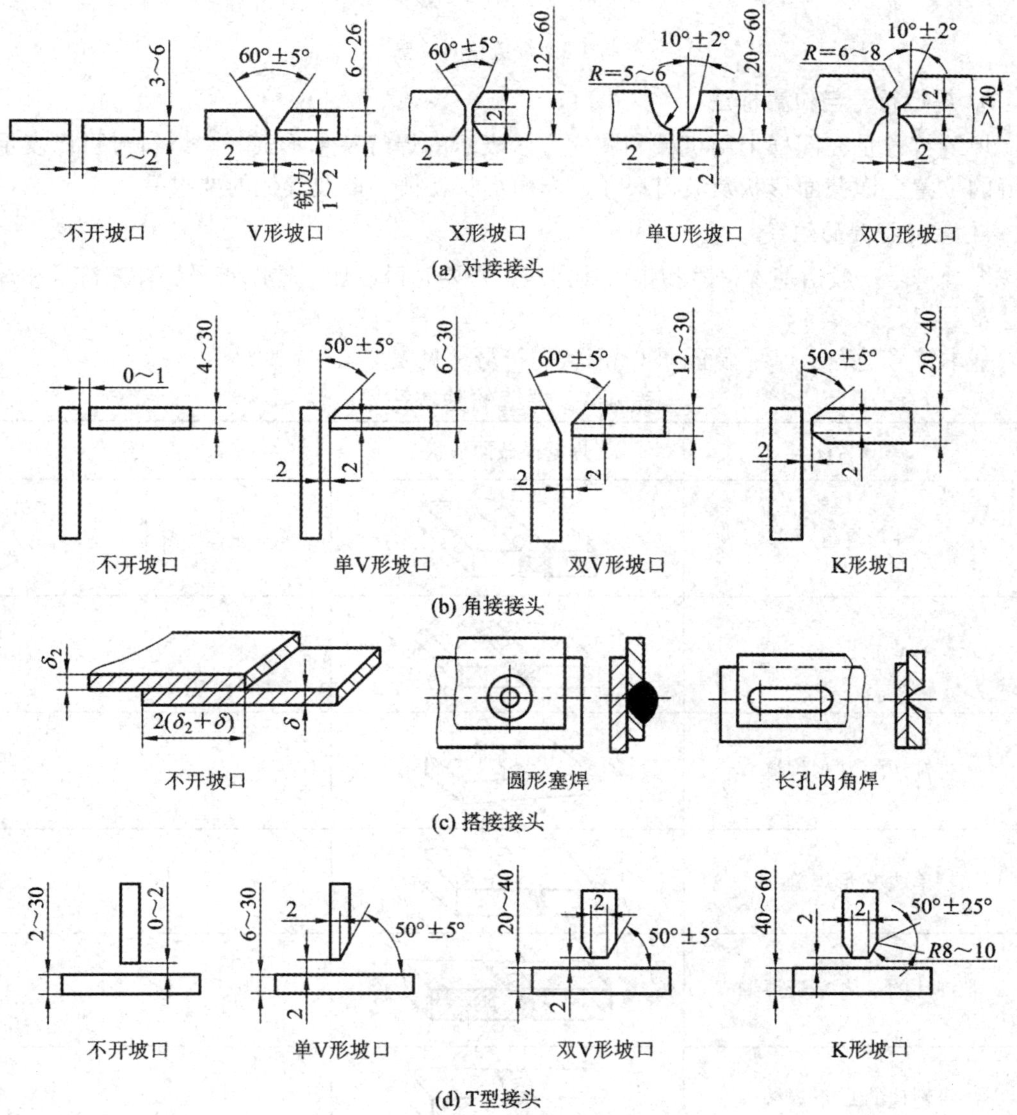

图 4-7　焊接接头和坡口形式

2. 焊接的空间位置

焊缝是焊件经焊接后所形成的结合部位，根据焊缝所在空间位置的不同，可分为平焊、横焊、立焊和仰焊，如图 4-8 所示。其中平焊操作方便，可采用较大的电流和焊条，具有劳动强度小、熔池铁水不会流散、容易保证焊接质量、效率高等优点，是最理想的操作空间位置，应尽可能地采用。其他几种空间位置由于熔池铁水容易向下坠落，操作难，质量不易保证，焊接只能选择小直径焊条和小电流。

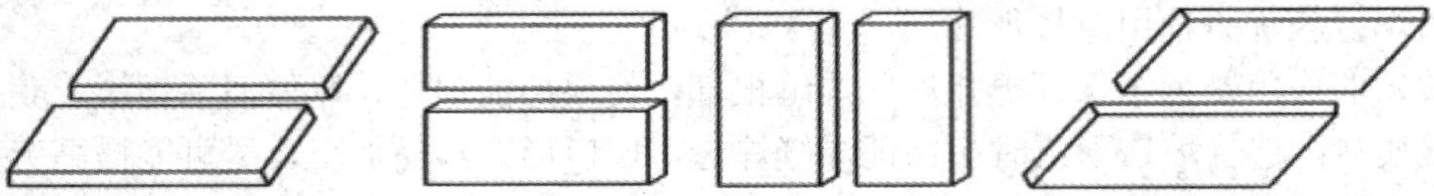

平焊　横焊　立焊　仰焊

图 4-8　焊缝空间位置

3. 焊缝符号与位置标注

焊缝符号是在图样上用机械制图的方法表示的焊缝基本形式。焊缝符号可以表示出焊缝的位置、横截面形状及坡口尺寸、表面形状特征，以及其他的要求等。

1) 焊缝符号的组成

焊缝符号一般由基本符号和指引线组成，必要时可以加上辅助符号、补充符号和焊缝尺寸及数据。

基本符号是表示焊缝端面(坡口)形状的符号，见表 4-4。

表 4-4　焊缝的基本符号

焊缝名称	焊缝横截面形状	符　号
I 形焊缝		
V 形焊缝	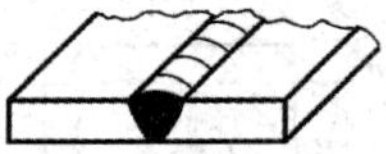	
带钝边的 V 形焊缝	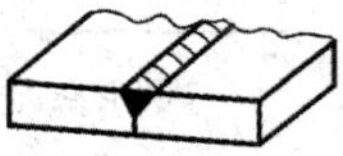	
单边 V 形焊缝	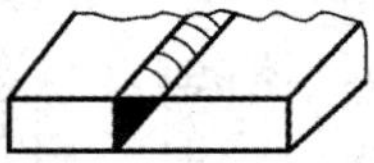	
带钝边的单边 V 形焊缝		
带钝边的 U 形焊缝		
封底焊缝	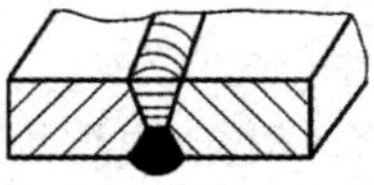	

续表

焊缝名称	焊缝横截面形状	符　号
角焊缝	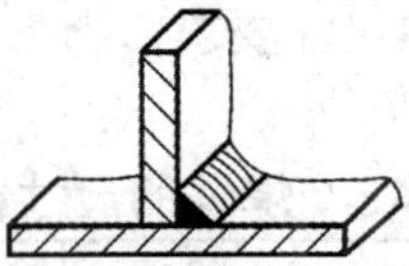	
塞焊缝或槽焊缝	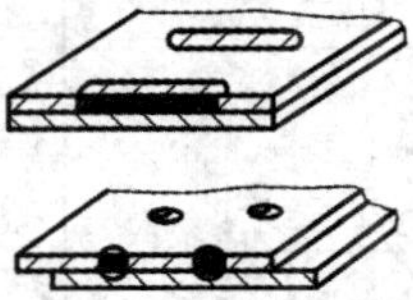	
喇叭形焊缝	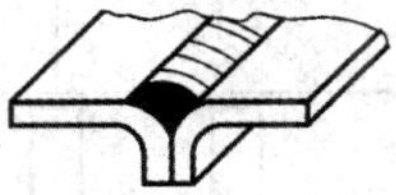	
点焊缝	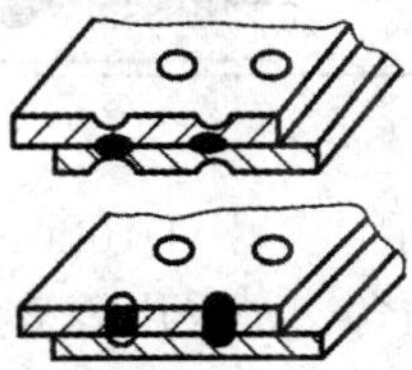	
缝焊缝	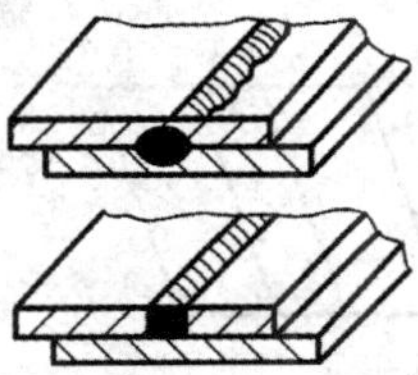	

2) 焊缝位置标注

焊接符号必须通过指引线及有关规定才能准确无误地表示焊缝。

指引线由一条箭头线和两条基准线两部分组成，符号及数据的标注位置如图 4-9 所示。

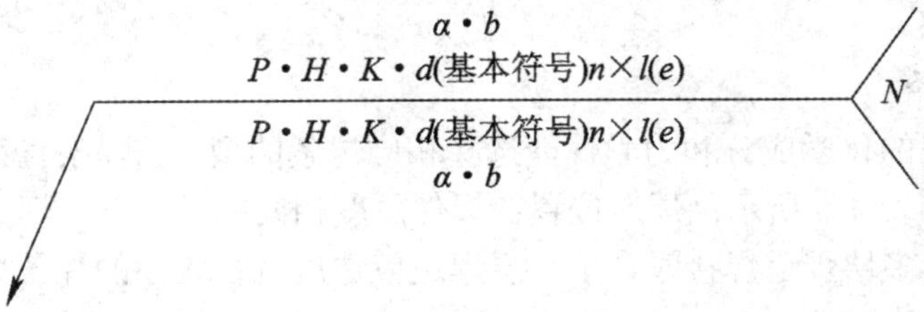

P—钝边高度；*H*—坡口深度；*K*—焊角尺寸；*d*—熔核直径；*α*—坡口角度；
b—根部间隙；*n*—焊缝段数；*l*—焊缝长度；*e*—焊缝间距；*N*—相同焊缝符号数量

图 4-9　焊接符号及数据标注位置

标注原则是焊缝横截面上的尺寸标注在基本符号的左侧，焊缝长度方向的尺寸标注在基本符号的右侧，坡口角度、坡口面角度及根部间隙等尺寸标注在基本符号的上侧和下侧，相同焊缝数量符号标注在尾部，当需要标注的尺寸数据较多又不易分辨时，可在数据前面增加相应的尺寸符号。

3) 焊缝的尺寸符号标注

焊缝的尺寸符号用来代表焊缝的尺寸要求，当需要注明尺寸要求时才标注。表 4-5 所示为常用焊缝尺寸符号。

表 4-5　焊缝的尺寸符号

名称	符号	示 意 图	标注示例
工件厚度 坡口角度 坡口深度 根部间隙 钝边高度	δ α H b P	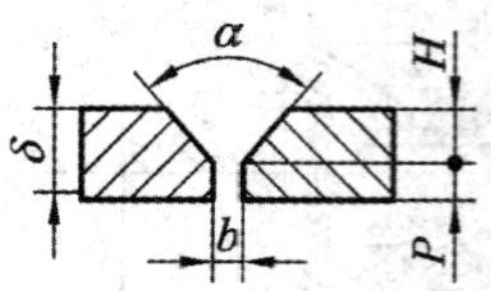	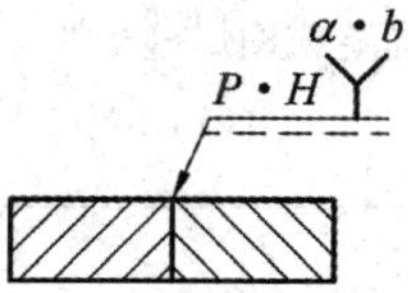
相同焊缝 符号数量	N	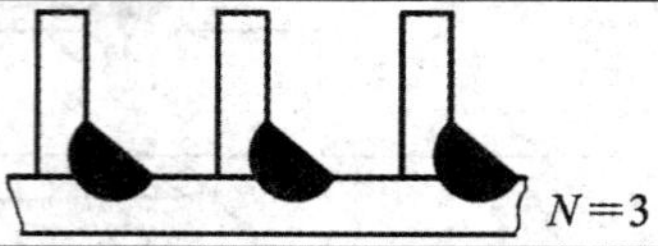	

4) 焊缝标注实例

焊缝代号应用实例如图 4-10 所示，其中 4-10(a)所示 T 形接头的焊缝形式，4-10(b)所示为焊缝代号标注。焊缝代号表达的含义是采用等双面角焊缝，且焊脚尺寸 $K = 5$ mm。

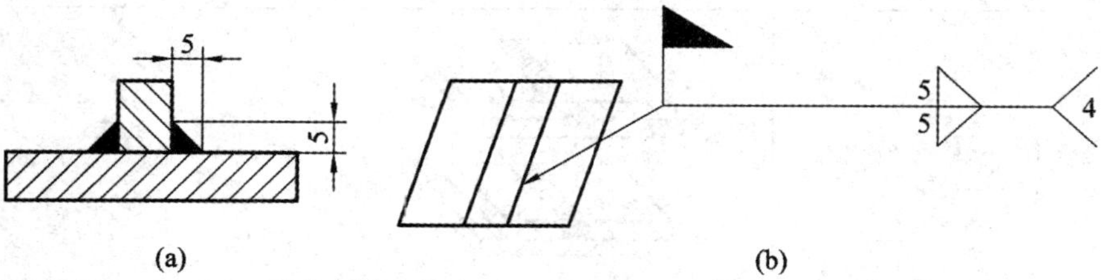

图 4-10　焊缝标注实例

4. 焊接工艺参数的选择

焊接时为保证焊接质量而选定的焊条直径、焊接电源、焊接速度和弧长等相关参数总称为焊接工艺参数。

1) 焊条的选择

根据焊缝金属的化学成分和力学性能选择相应焊条的型号；焊条直径大小的选择取决于焊件的厚度，如表 4-6 所示；焊缝位置在焊件厚度相同的条件下，焊接平焊缝的焊条直径应大些。在进行多层焊道焊接时，第一层焊道应选用直径较小的焊条焊接，一般为直径 2.5 mm 或 3.2 mm 的焊条。

表 4-6　焊条直径的选择

焊件厚度/mm	＜2	2～4	4～10	12～14	＞14
焊条直径/mm	1.5～2.0	2.5～3.2	3.2～4	4～5	＞5

2) 焊接电流的选择

(1) 焊接电流与焊条直径的关系：$I = (35～45)d$，如表 4-7 所示。

表 4-7　焊接电流的选择

焊条直径 d/mm	1.6	2.0	2.5	3.2	4.0	5.0
焊接电流 I/A	25～40	40～65	50～80	100～130	160～210	220～270

(2) 焊接电流与焊接位置的关系：在其他焊接条件相同的情况下，平焊可选择偏大的焊接电流；横焊、立焊、仰焊的焊接电流应小些，约比平焊小 10%～20%。

(3) 焊接电流与焊道的关系：通常焊接打底焊道时，使用的焊接电流应小些，便于焊接操作和保证焊接质量；填充焊道时，使用较大的焊接电流，可以提高效率；焊接盖面焊道时使用的焊接电流应小些，以防止咬边，可获得美观的焊缝成形。

3) 弧长

弧长是指焊接电弧的长度。在焊接过程中电弧不宜过长，否则燃烧不稳定，空气容易侵入而产生缺陷。一般要求弧长不超过焊条直径的 2 mm～4 mm。

4) 焊接速度的选择

焊接过程中焊条沿焊接方向移动的速度，即单位时间内完成的焊缝长度，称为焊接速度。手弧焊时，焊接速度由焊工凭经验掌握，一般在保证焊透的情况下，尽可能增大焊接速度。

技能训练　板-板对接平焊

一、实训目的

(1) 掌握平焊的焊接过程。
(2) 掌握对接焊的技术要领。

二、实训器材

实训器材要求如表 4-8 所示。

表 4-8　实训器材清单

实 训 器 材	数 量
交流电弧焊机	1 台
焊钳	1 把
焊条 ϕ3.2	10 根
焊接电缆	20 米
焊条保温筒	1 个
敲渣锤和钢丝刷	1 套
角向磨光机	1 台
扁铲	1 把
焊接母材 100 mm × 50 mm × 6 mm	2 块
焊工劳保用品	1 套

三、实训操作

1. 平焊操作准备

焊接操作时，左手持面罩，右手握焊钳。焊条引弧后，必须掌握好焊条与焊件之间的夹角，如图 4-11 所示。

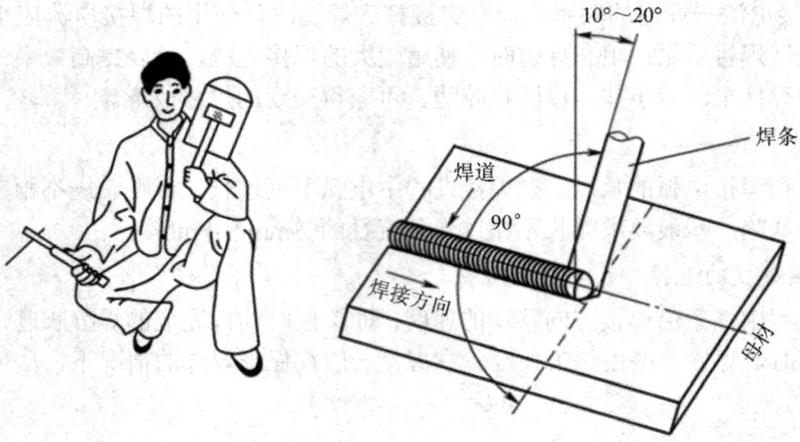

图 4-11　焊接操作与平焊焊条角度

(1) 焊道的起头。起头时焊件温度较低，所以起点处熔深较浅，可在引弧后将电弧稍微拉长，对起头处预热，然后再适当缩短弧长进行正式焊接。

(2) 常用运条方式有直线形、直线往复形、锯齿形、月牙形、正三角形、斜三角形、正圆圈形、斜圆圈形及 8 字形，具体的运条方式如图 4-12 所示。

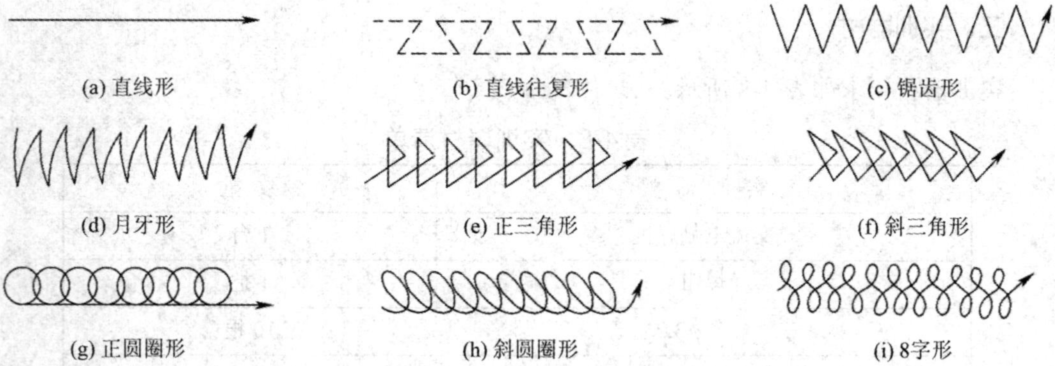

图 4-12　运条方式

(3) 焊道相接。尾头相接是以先焊焊道尾部接头的连接形式，这种接头形式应用最多；头头相接是从先焊焊道起头处续焊接头的连接方式；尾尾相接就是后焊焊道从接口的另一端引弧，焊到前焊道的结尾处，焊接速度略慢些，以填满弧坑，然后以较快的焊接速度向前焊一小段再熄弧。头尾相接是后焊焊道的结尾与先焊焊道的起头相连接，利用结尾时的高温重复熔化先焊焊道的起头处，将焊道焊平后快速收尾。焊道相接方式如图 4-13 所示。

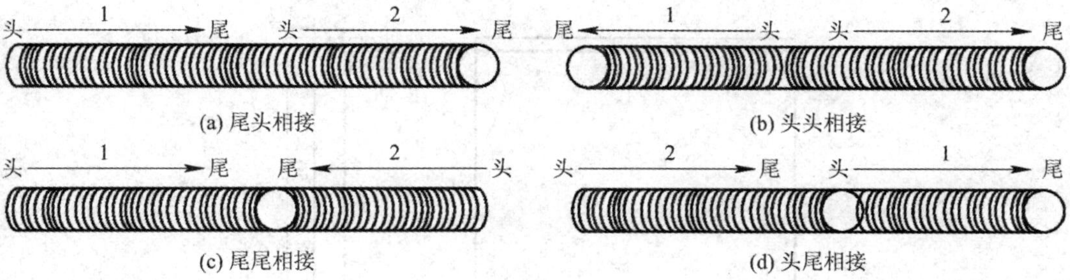

图 4-13　焊道相接方式

(4) 焊道的收尾。焊道的收尾是指一条焊道结束时的收弧。一般采用划圈收尾法，即焊条移至焊道终点时，利用手腕动作使焊条尾端作圆圈运动，直到填满弧坑后再拉断电弧。划圈收尾法适用于厚板焊道的收尾，如图 4-14 所示。

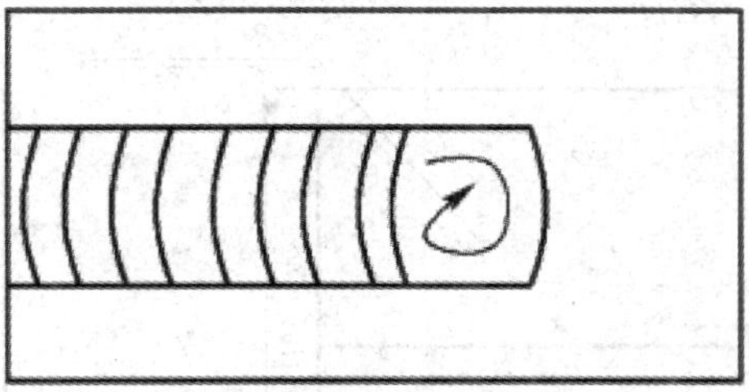

图 4-14　划圈收尾法

反复断弧收尾法是焊条移至焊道终点时，反复在弧坑处熄弧，引弧熄弧多次，直至填满弧坑。此法适用于薄板和大电流焊接，但碱性焊条不宜采用，否则易出现气孔。

如图 4-15 所示为回焊收尾法，是焊条移至焊道收尾处即停止，但不熄弧，适当改变焊条角度，焊条由位置 1 转到位置 2，填满弧坑后再转到位置 3，然后慢慢拉断电弧。碱性焊条常使用此方法熄弧。

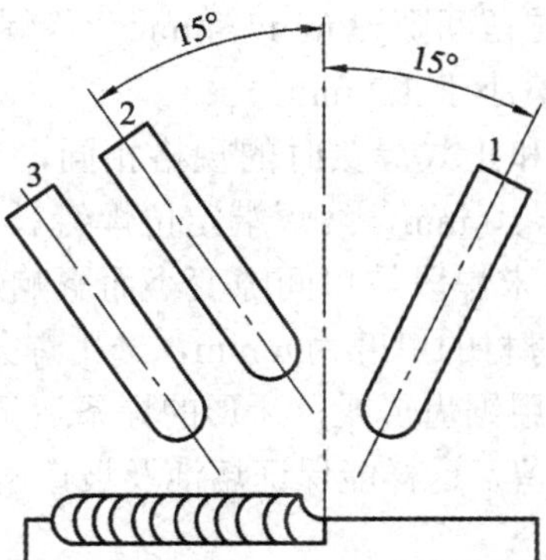

图 4-15　回焊收尾法

2. 对接平焊操作步骤

1) 焊件准备

(1) 按图 4-16 所示的尺寸和坡口角度备焊接料 2 块。要求校平，清理待焊处，使其呈现金属光泽。

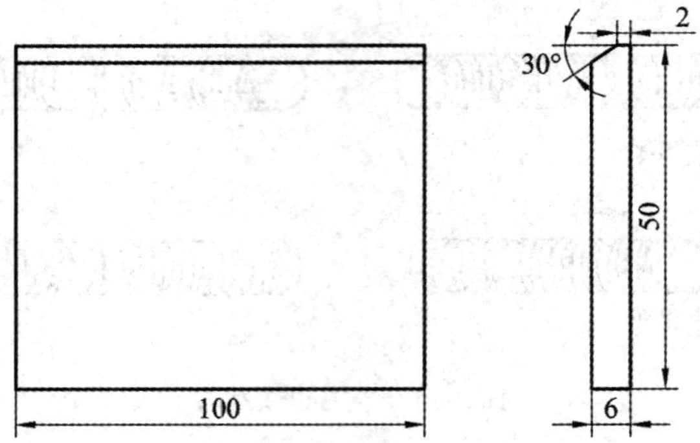

图 4-16　焊接备料图

(2) 焊件装配图，如图 4-17 所示。要求装配齐平，间隙自定，单面焊双面成形。

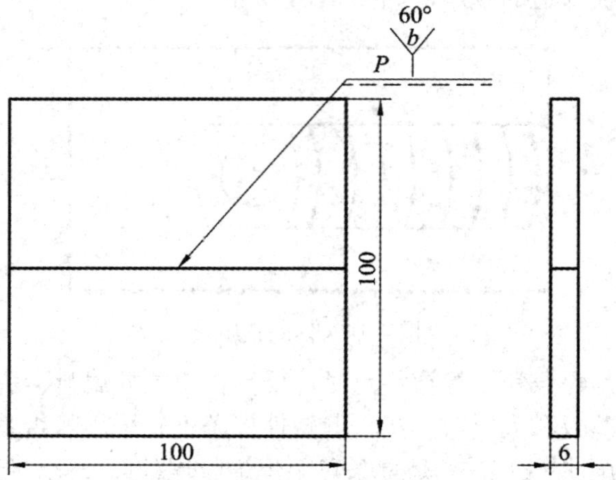

图 4-17　焊件装配图

2) 焊接操作

(1) 装配。装配时始焊端预留间隙 3 mm～4 mm，终焊端预留间隙 4 mm～5 mm。预留反变形量为 3° 左右，错边量小于 1.2 mm。

(2) 定位焊时使用的焊条和正式焊接时的规格相同，定位焊的位置在焊件背面两端 10 mm 处。始焊端定位焊缝长 10 mm，终焊端定位焊缝长 15 mm，定位焊必须焊好，防止因焊接过程中的收缩，造成未焊段坡口间隙变小而影响焊接质量。

(3) 焊缝焊接。本次焊接母材的厚度为 6 mm，选用焊条直径为ϕ3.2 mm，底层和盖面层焊接电流 100 A～110 A，采用锯齿形或月牙形的焊条运条方式，选用头尾相接的焊道接头形式，并在坡口两侧稍作停留，这样能保证熔池及坡口两边温度均衡，有利于母材和焊条芯熔合和排渣。

(4) 检验。检查正面和背面的焊缝高度为 2 mm～4 mm，焊缝每侧宽度差为 0～2 mm，焊缝位置无气孔、夹渣。

四、注意事项

(1) 严格遵守安全操作规程。

(2) 注意平焊的运条方法。

五、实训考核

根据完成实训的综合情况进行考核，考核项目及评分方法如表 4-9 所示。

表 4-9　实训考核表

班级		姓名		扣分记录	得分
项目	考核要求	分值	评分细则		
焊接参数调整	开机顺序正确	10	开机错误一次扣 5 分		
	焊接电流调整合理	20	电流调整错误一次扣 5 分		
	搭铁及焊条安装正确	10	未正确安装一次扣 10 分		
焊接操作	焊接母材安装正确	10	未正确安装一次扣 10 分		
	焊缝打磨质量	10	未按要求打磨一处扣 5 分		
	焊接缺陷检验	30	1. 出现气孔或夹渣一处扣 2 分； 2. 出现裂纹一处扣 2 分； 3. 未焊透一处扣 2 分； 4. 出现烧穿或咬边扣 10 分		
	安全、文明生产规范	10	未规范操作一次扣 10 分		
总　分		100	总得分		

任务三　气焊与气割

任务目标

掌握气焊与气割的原理、特点及应用，能够正确描述各种气焊与气割设备和工具的作用、气焊与气割火焰的种类、各类型火焰的特点与用途，掌握气焊与气割的工艺参数。

知识链接

一、气焊

1. 气焊原理、特点及应用

气焊是利用可燃气体与助燃气体混合燃烧后产生的高温火焰，对金属材料和焊丝进行熔化焊形成熔池，冷却凝固后形成焊缝连接的一种方法，气焊的原理如图 4-18 所示。气焊常用的乙炔和氧气的混合是利用焊炬来完成的，目前选用乙炔是因为乙炔在纯氧中燃烧时放出的有效热量多，火焰温度高。乙炔是燃烧气体，氧气是助燃气体。

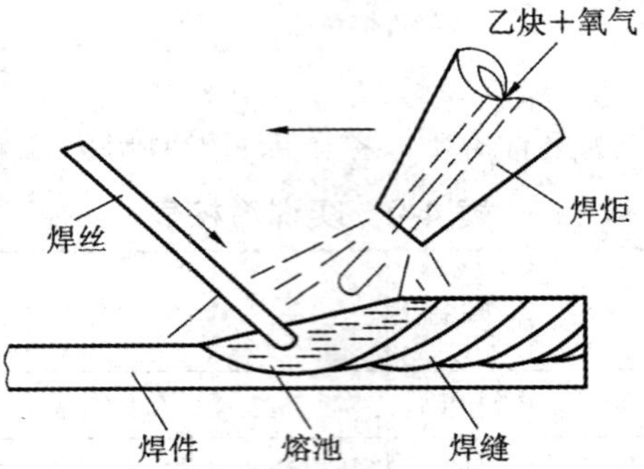

图 4-18　气焊原理图

气焊的特点及应用如下：

(1) 火焰对熔池的压力及对焊件的热输入量调节方便，故熔池温度、焊缝形状和尺寸、焊缝背面成形等容易控制。

(2) 与电弧焊相比，气焊设备简单，移动方便，操作易掌握，不带电源。

(3) 焊炬尺寸小，气焊热源温度较低，生产率低，热量分散，热影响区大，焊件有较大的变形，接头质量不高。

(4) 气焊适于各种位置的焊接，主要用于焊接 3 mm 以下的低碳钢、高碳钢薄板，铸铁焊补以及铜、铝等有色金属。此外，由微型氧气瓶和微型溶解乙炔气瓶组成的手提式或肩背式气焊气割装置，适于在旷野、山顶、高空作业中应用。

2. 气焊设备

气焊所用的设备及气路连接如图 4-19 所示。

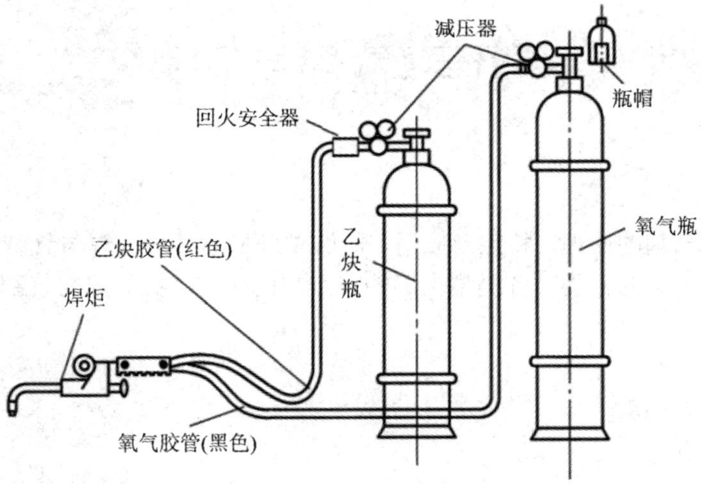

图 4-19　气焊设备及连接

1) 氧气瓶与氧气胶管

氧气瓶是运输和储存高压氧气的钢瓶，其容积为 40 L，最高压力为 14.7 MPa，瓶体为蓝色，上部有黑色字“氧气”。氧气胶管为黑色，橡胶管的内径为ϕ8 mm，工作压力为 1.5 MPa。

2) 乙炔瓶与乙炔胶管

乙炔瓶是存储溶解乙炔的钢瓶，其容积为 40 L，最高压力为 1.52 MPa。乙炔瓶的瓶壳漆成白色，上部有红色字“乙炔”，瓶内装有浸满丙酮的活性炭、木屑等多孔填充物。丙酮对乙炔有良好的溶解能力，可以使乙炔稳定而安全地存放在瓶中；在其瓶阀下面的填料中心部位放有石棉，主要作用是帮助乙炔从多孔填料中分解出来，如图 4-20 所示。乙炔瓶一定要竖立放稳，远离火源，防止受热；乙炔瓶在搬运、装卸、存放和使用时，要防止遭受剧烈的振荡和撞击。乙炔胶管为红色，橡胶管的内径为ϕ10 mm，工作压力为 0.5 MPa 或 1.0 MPa。

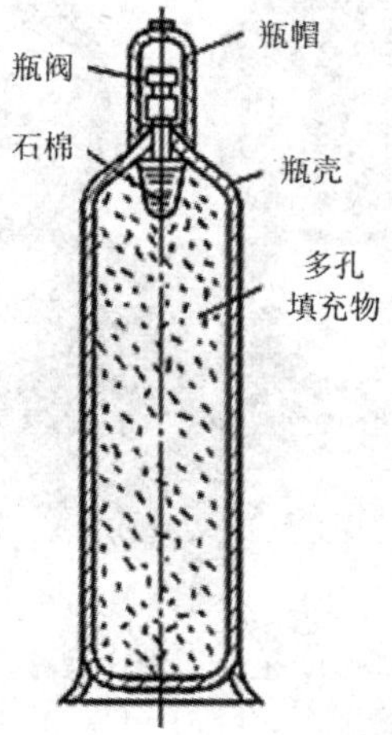

图 4-20　乙炔瓶

氧气胶管和乙炔胶管长度一般为 10 m～15 m，氧气胶管和乙炔胶管不能有损伤和漏气发生，严禁明火检漏，要经常检查橡胶管的各接口处是否紧固，橡胶管有无老化现象，不能沾有油污等。

3) 回火安全器

回火安全器又称回火防止器或回火保险器，如图 4-21 所示。它是装在乙炔减压器和焊炬之间，用来防止火焰沿乙炔管回烧的安全装置。当气体压力不足、焊嘴堵塞、焊嘴离焊件太近或焊嘴过热时，气体火焰会进入焊嘴内逆向燃挠，这种现象称为回火。如果火焰蔓延到乙炔瓶就会发生严重的爆炸事故，所以在乙炔瓶的输出管上必须安装回火安全器。

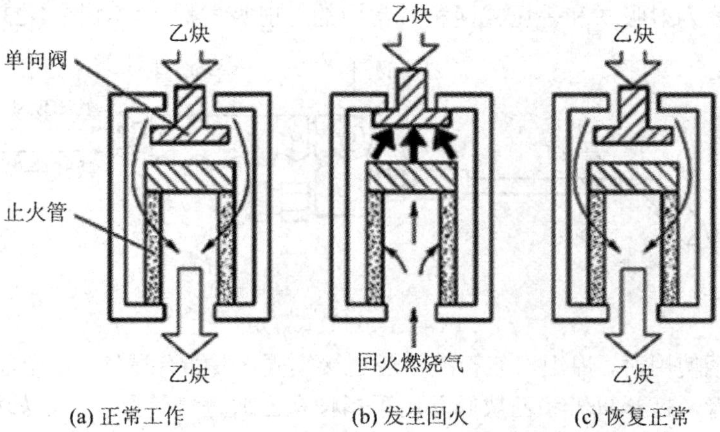

(a) 正常工作　(b) 发生回火　(c) 恢复正常

图 4-21　回火安全器

4) 减压器

减压器是将乙炔瓶和氧气瓶内的高压气体降低到焊炬工作需要的气体压力的仪表，并且在焊接过程中保持压力稳定，如图 4-22 所示。减压器的作用是减压、调压、量压和稳压。气焊时所需的气体工作压力一般都比较低，如氧气压力通常为 0.2 MPa～0.4 MPa，乙炔压力最高不超过 0.15 MPa。

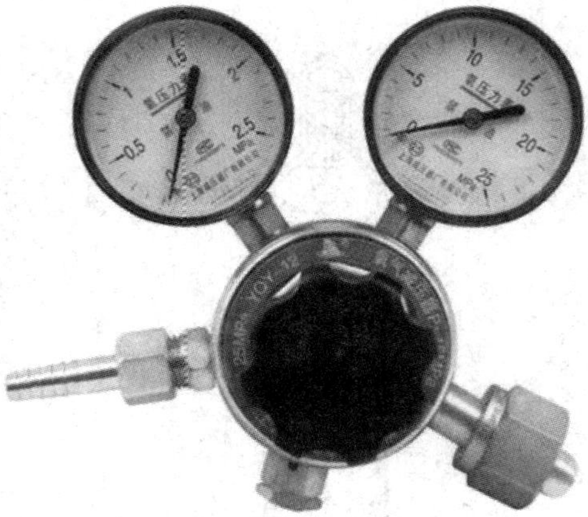

图 4-22　减压器

减压器安装注意事项如下：

(1) 安装减压器之前，先缓慢打开氧气瓶阀门，吹去污物，以防止水分和灰尘进入减压器。

(2) 在打开氧气瓶前，必须先松开减压调节螺栓。打开氧气瓶阀门时要慢慢开启，不要用力过猛，以防止损坏减压器。

(3) 减压器不得沾有油脂，如有油脂应擦干净后再使用。

(4) 减压器冻结时，可用热水或蒸汽解冻，不准用火烤。

(5) 减压器停止使用时，必须把调节螺钉旋松，并把减压器内气体全部放掉。

5) 焊炬

焊炬俗称焊枪，是用于控制氧气和乙炔气体混合比流量及火焰并进行焊接的手持工具，气焊焊炬分为射吸式和等压式两种，常用的是射吸式焊炬，如图 4-23 所示。

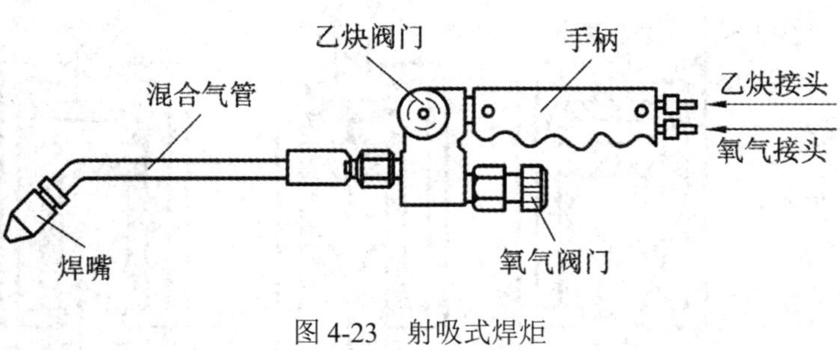

图 4-23　射吸式焊炬

射吸式焊炬使用时，焊炬与气管接头应连接牢固，不能有漏气。使用前检查射吸情况，先连接氧气胶管，打开氧气和乙炔阀并用手指按在乙炔进气管接头上，如果手指感觉有吸力则正常，反之需要进行检修，正常后才能使用。

3. 气焊火焰

常用的气焊火焰是乙炔与氧气混合燃烧所形成的火焰，称氧乙炔焰。根据氧气与乙炔混合比的不同，氧乙炔焰可分为中性焰、碳化焰(也称还原焰)和氧化焰三种，如图 4-24 所示。

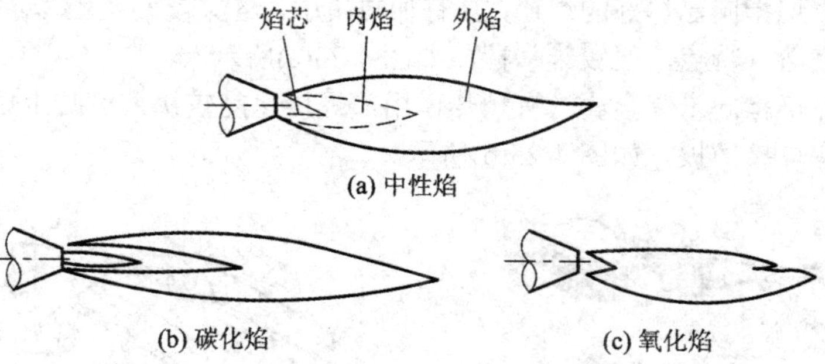

图 4-24　气焊火焰

1) 中性焰

当氧气和乙炔的体积比为 1.1～1.2 时，产生的火焰为中性焰，又称正常焰。它由焰芯、内焰和外焰组成，靠近喷嘴处为焰芯，呈白亮色，其次为内焰，呈蓝紫色，最外层为外焰，呈橘红色。火焰的最高温度产生在焰心前端 2 mm～4 mm 的内焰区，可达 3150℃，焊接是应在此区来加热工件和焊丝。中性焰用于焊接低碳钢、中碳钢、合金钢、紫铜和铝合金等材料，是应用最广泛的一种气焊火焰。

2) 碳化焰

当氧气和乙炔的体积比小于 1.1 时，产生的火焰为碳化焰。由于氧气较少，燃烧不完全，整个火焰长度比中性焰长。当乙炔过多时还冒黑烟。碳化焰用于焊接高碳、铸铁和硬质合金材料。

3) 氧化焰

当氧气和乙炔的体积比大于 1.2 时，产生的火焰为氧化焰。由于氧气较多，燃烧剧烈，火焰明显缩短，焰心呈锥形，火焰几乎消失。氧化焰易使金属氧化，仅用于焊接黄铜，以防止锌在高温时蒸发。

4. 气焊工艺参数的选择

1) 焊丝的选择

气焊时，一般要求焊丝的熔点应等于或略低于被焊金属的熔点。焊丝的化学成分应基本上与焊件相同。焊接低碳钢常用的焊丝为 H08 和 H08A，焊丝直径应根据焊件厚度来选择，一般为ϕ2 mm～ϕ4 mm。

2) 气焊熔剂的选择

气焊过程中，加热后的熔化金属极易与周围空气中的氧或火焰中的氧化合生成氧化物，使焊缝产生气孔和夹渣等现象。为了防止金属的氧化，消除已形成的氧化物，通常必须采用气焊熔剂。

气焊熔剂要根据焊件的成分及其性质来选择。一般碳素结构钢气焊时不需要气焊熔剂，而不锈钢、耐热钢、铸铁、铜及铜合金、铝及铝合金气焊时，则必须采用气焊熔剂，才能保证气焊质量。常用的气焊溶剂有 CJ101 不锈钢气焊溶剂、CJ201 铸铁气焊溶剂、CJ301 铜气焊溶剂，CJ401 铝气焊溶剂。

3) 焊接方向的选择

右焊法是火焰指向已焊好的焊缝，具有加热集中，熔深较大，火焰对焊缝有保护作用，可避免气孔和夹渣等特点，但较难掌握，如图 4-25(a)所示。

左焊法是火焰指向未焊金属，有预热作用，焊接速度较快，可减少熔深和防止烧穿，操作方便，适宜焊接薄板，如图 4-25(b)所示。

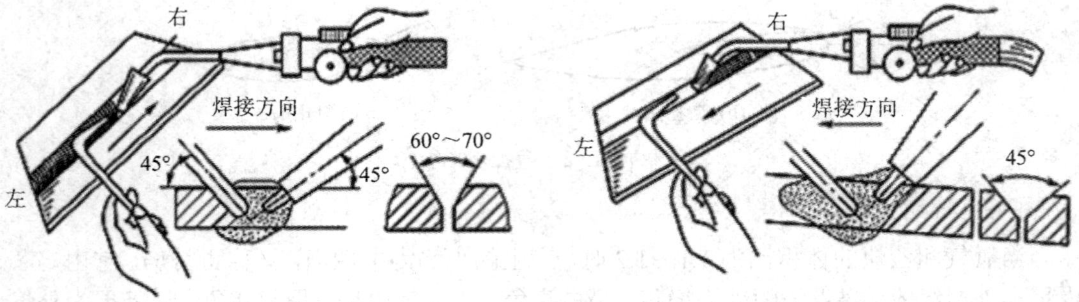

(a) 右焊法　　(b) 左焊法

图 4-25　气焊方法

4) 焊接速度的选择

焊接时应根据操作人员的熟练程度，在保证焊接质量的前提下，尽量提高焊接速度，以减少焊件受热的程度并提高生产率。一般来说，对于厚度大、熔点高的焊件，焊接速度要慢一些，以避免产生未熔合的缺陷；而对厚度薄、熔点低的焊件，焊接速度要快些，以避免产生烧穿和焊件过热而降低焊接质量。

5) 焊嘴倾角的选择

焊嘴倾角是指焊嘴与焊件之间的夹角，是根据焊件厚度、导热性、熔点、施焊位置等来确定的。焊件越厚，导热性越强，采用的焊嘴倾角就越大；反之就越小。如图 4-26 所示。

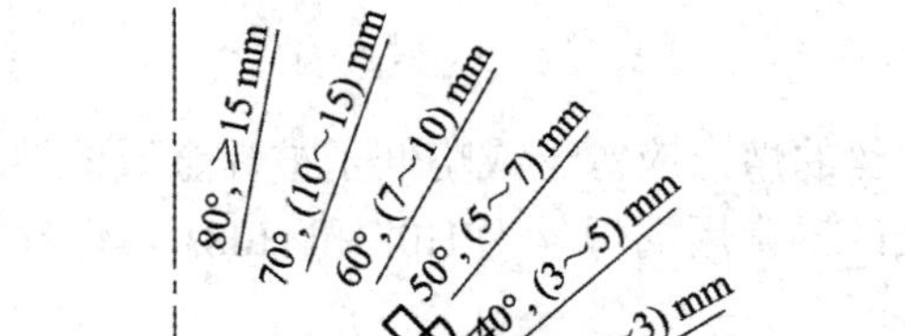

图 4-26　焊嘴倾角与焊件厚度的关系

6）定位焊

为保证焊件的装配关系，焊接前，应首先将焊件进行定位焊。定位焊顺序如图 4-27 所示。

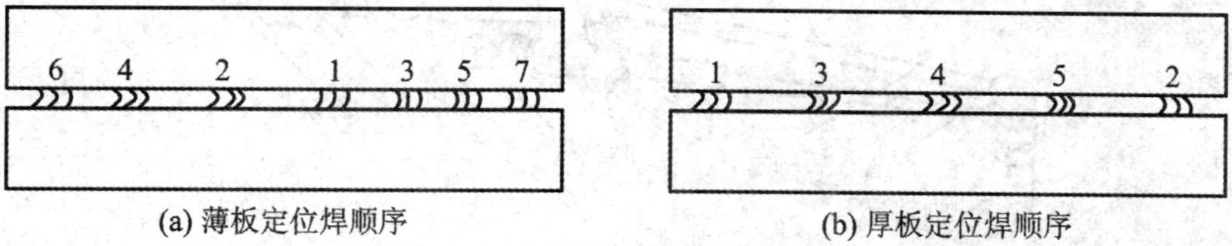

图 4-27　定位焊顺序

二、气割

1. 气割的原理、特点及应用

气割是利用可燃气体与氧气混合燃烧产生的预热火焰将金属加热到燃烧点，然后喷射高速切割氧流，使割缝处的金属剧烈燃烧，并吹除燃烧后生成的氧化物从而把金属分割的一种方法。气割的原理如图 4-28 所示。

气割与一般机械切割相比较，最大优点是设备简单，操作灵活方便，适应性强等，常用于切割低碳钢和低合金钢。

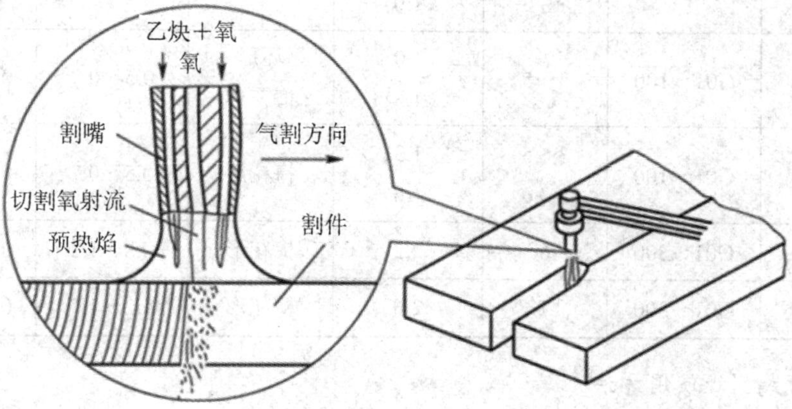

图 4-28　气割的原理

2. 气割设备

气割设备中的氧气瓶、乙炔瓶及气管、减压器、回火安全器与气焊相同，但气割的割炬与气焊的焊炬结构不同，具体如下。

1）割炬

割炬是气割时用于控制氧气和乙炔气体混合比流量及火焰并进行焊接的手持工具，割炬有射吸式和等压式两种，常用的是射吸式割炬，如图 4-29 所示。割炬型号与切割压力、工件厚度、割嘴号码和氧气纯度有关，随着被割件的厚度增加，割嘴号码应增大，同时选用较大的氧气压力；相反，应减小割嘴号码和氧气压力。氧气纯度越低，气割时间越长，氧气消耗量也增多。手工气割的割炬型号和气体压力的选择如表 4-10 所示。

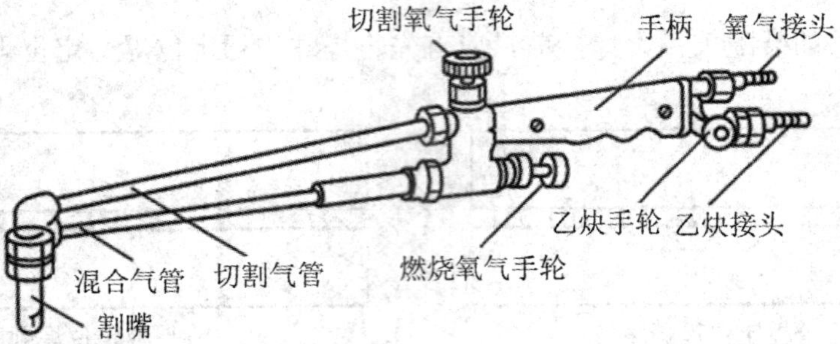

图 4-29　射吸式割炬

表 4-10　手工气割割炬型号和气体压力选择

板材厚度/mm	割炬型号	割嘴号码及形状			气体压力/MPa	
		号码	切割气口径/mm	切割气孔形状	氧气	乙炔
≤4	G01～30	1	0.6	环形	0.3～0.4	0.01～0.12
4～10	G01～30	1～2	0.6	环形	0.4～0.5	0.01～0.12
10～25	G01～30	2 3	0.8 1.0	环形	0.5～0.7	0.01～0.12
25～50	G01～100	3～5	1.0 1.3	环形 梅花形	0.5～0.7	0.01～0.12
50～100	G01～100	3～5 5～6	1.3 1.6	梅花形	0.5～0.7	0.01～0.12
100～150	G01～300	6	2.2	梅花形	0.8～1.2	0.01～0.12
150～200	G01～300	7	2.6	梅花形	1.2～1.4	0.01～0.12

2）射吸式割炬使用方法

在气割回火时，快速关闭预热氧气阀门，再关闭乙炔阀门，最后关门切割氧气阀门；正常气割结束时，应先关闭切割氧气阀门，再关闭乙炔阀门和预热氧气阀门；割嘴切割氧气通道应经常保持清洁，孔道内的污物应随时用气割通道针清理干净。

3. 气割的基本条件与气割过程

1）气割的基本条件

(1) 被切割金属的燃点应低于其本身的熔点。

(2) 金属氧化物的熔点应低于金属本身的熔点，且流动性好。

(3) 金属在氧气流中燃烧时能释放出较多的热量，对下层金属起预热作用。

(4) 金属导热性不能太高。

根据上述条件，所有金属中低碳钢的气割性最好。

2) 气割形成过程

(1) 预热阶段。气割开始时，用氧气-乙炔火焰中性焰将割件起割处的表层金属加热，预热到燃烧温度(燃点)。低碳钢的燃点纸为 1300℃。

(2) 燃烧和吹渣阶段。当起割处预热到燃点时，开启切割氧气，将起割处表层金属迅速燃烧并吹除燃烧时生成的金属氧化物熔渣，露出下层和前方新的金属，预热火焰及时将其加热到燃点，又在切割氧气流的作用下吹除熔渣。这样的过程连续不断，切割处金属被分离形成切口。气割过程如图 4-30 所示。

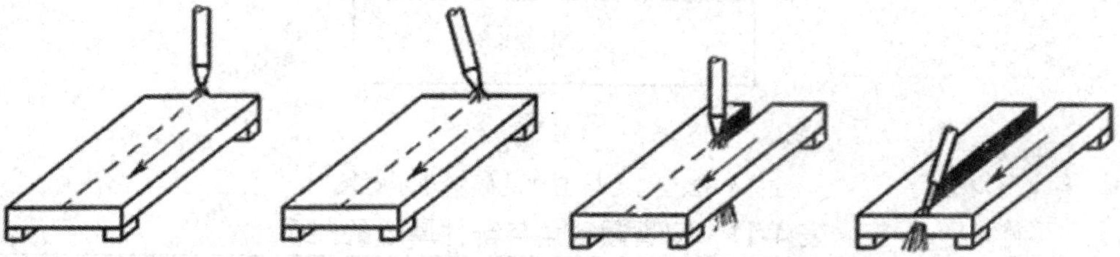

图 4-30　气割过程示意图

4. 气割工艺参数

气割的工艺参数主要包括气割氧气压力、气割速度、预热火焰能率、割嘴与工件间的倾斜角、割嘴与工件表面的距离等。

1) 气割氧气压力

气割的氧气压力主要取决于工件的厚度，见表 4-10。

2) 气割速度

气割速度由操作人员依据经验自行掌握，一般不作规定。气割速度与割件厚度和割嘴形状有关。气割件越厚，气割速度越慢；切割厚大断面的割件，有时还要增加锯齿形或月牙形横向摆动。割速太慢会使割口边缘不整齐，甚至产生局部熔化现象，割后清渣困难。割速太快则会造成后拖量大且割口不光洁，甚至产生割不透现象。后拖量是切割氧流轨迹的开始点与终点在水平方向上的距离，如图 4-31 所示。

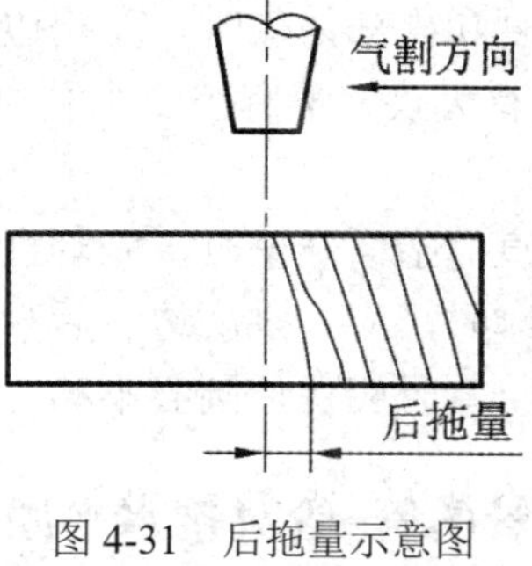

图 4-31　后拖量示意图

3) 割嘴与工件间的倾斜角

割嘴与工件间的倾斜角如图 4-32 所示。割嘴倾角的大小主要根据工件的厚度来确定，如表 4-11 所示。

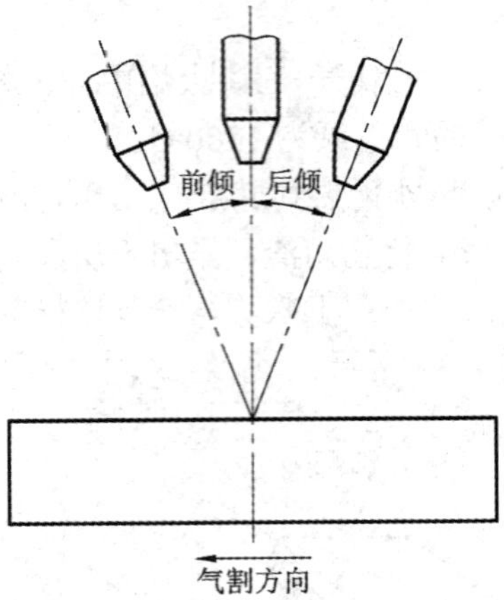

图 4-32　割嘴与工件的倾斜角示意图

表 4-11　割嘴倾斜角与割件厚度的关系

割件厚度/mm	≤6	6～30	＞30		
			起割	割穿后	停割
倾角方向	后倾	垂直	前倾	垂直	后倾
倾角度数/°	2～45	0	5～10	0	5～10

4) 割嘴与工件表面的距离

割嘴与工件表面的距离主要由工件的厚度确定。一般来说，气割薄板时，由于切割速度较快，火焰可以长一些，割嘴与工件表面的距离可大些；切割厚板时，由于气割速度慢，为了防止割缝上缘熔化，预热火焰应短一些，割嘴与工件表面距离不能过近，否则预热火焰将割缝上缘熔化，分离的氧化皮会蹦起堵塞割嘴孔，造成回火现象，甚至烧坏割嘴。割嘴离工件表面距离一般在 3 mm～5 mm。

5. 气割顺序的确定原则

正确的气割顺序应尽量减少割件的变形，维护操作者的安全，操作时顺手方便。

(1) 在同一割件上有直线和曲线时，先割直线，后割曲线。

(2) 在同一割件上有边缘切割和内部切割时，先割边缘，后割内部。

(3) 由割线围成的图形中既有大块，又有小块和孔时，应先割小块，后割大块，最后割孔。

(4) 在同一割件上割直缝且直缝上需开槽时，先割直缝，后割槽。

(5) 在同一割件上有垂直割缝时，应先割底边，后割垂直边。

(6) 割圆弧时，先定好圆心，割时应保持圆心不动。

技能训练　坡口气割和黄铜管的管-管对接水平固定焊

一、实训目的

(1) 能够正确描述气焊与气割的原理及应用。

(2) 能够正确描述气焊与气割设备的构成与连接方法。
(2) 能够正确描述气焊与气割设备和工具的作用。
(4) 能够正确描述气焊与气割火焰的种类，各类型火焰的特点与用途。

二、实训器材

实训器材要求如表 4-12 所示。

表 4-12　实训器材清单

实 训 器 材	数 量
焊炬	1 把
割炬 G01-30	1 把
乙炔瓶	1 瓶
氧气瓶	1 瓶
回火安全器	2 个
减压器	2 个
橡胶管	20 米
敲渣锤和钢丝刷	1 套
角向磨光机	1 台
扁铲	1 把
气割母材	若干
黄铜管 ϕ30 mm × 50 mm 壁厚 3 mm	2 节
黄铜焊丝 ϕ2 mm × 350 mm	1 根
CJ301 铜气焊熔剂	1 瓶
焊工劳保用品	1 套

三、实训操作

1. 坡口气割要求

将母材按图 4-33(a)、(b)气割坡口。

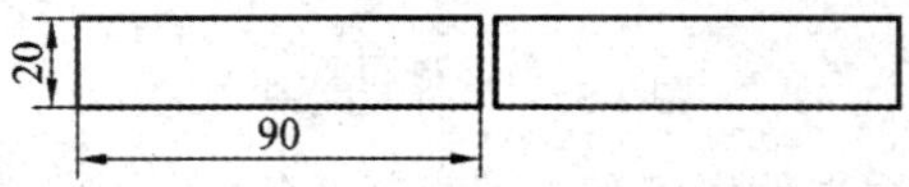

(a) 坡口直边

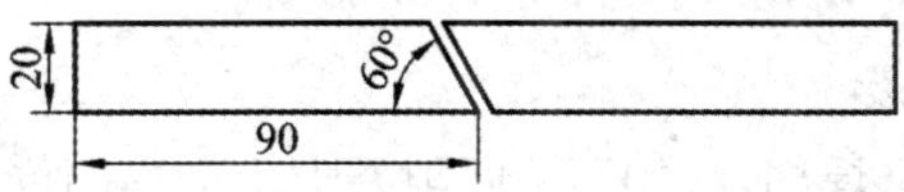

(b) 坡口斜边

图 4-33　气割坡口

2. 坡口气割操作步骤

(1) 划线。按图 4-33 所示尺寸划切割线。

(2) 调整氧气压力为 0.5 MPa～0.7 MPa，乙炔压力为 0.01 MPa～0.1 MPa。

(3) 为得到宽窄一致和角度相等的切割坡口，可将割嘴靠在角钢上，割嘴离割件 4 mm 进行切割。如图 4-34 所示。

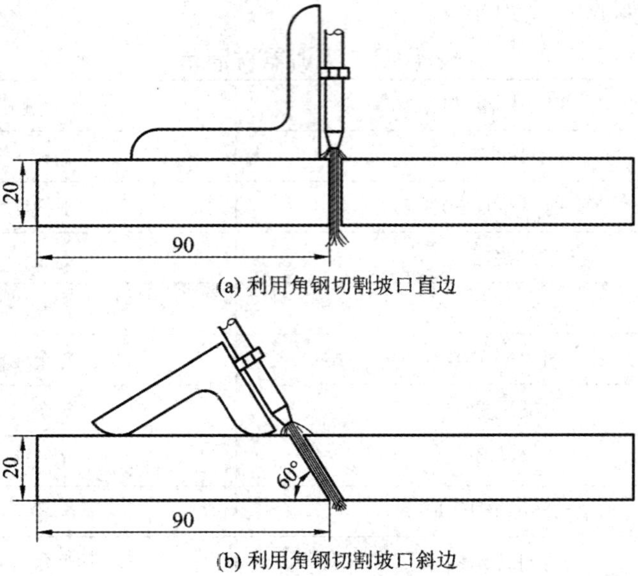

图 4-34　气割坡口操作示意图

3. 黄铜管的管-管对接水平固定焊

(1) 焊件装配图如图 4-35 所示。要求装配齐平，间隙自定，单面焊双面成形。

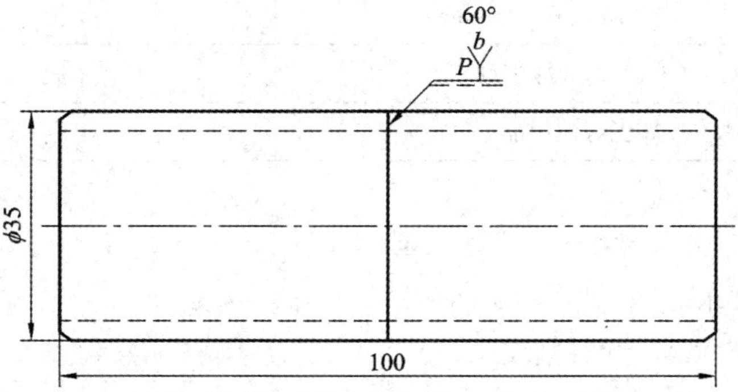

图 4-35　焊件装配图

(2) 焊接工艺参数。根据焊件厚度和焊丝直径，氧气压力调整为 0.15 MPa～0.5 MPa，乙炔压力为 0.01 MPa～0.1 MPa，焊缝 2 层，3# 焊嘴。

4. 管-管焊接操作步骤

(1) 装配定位焊时，平焊部位“0”的间隙要大于仰焊部位“6”的间隙 0.5 mm，如图 4-36 所示，防止焊接时收缩造成平焊部位间隙小而影响焊接。

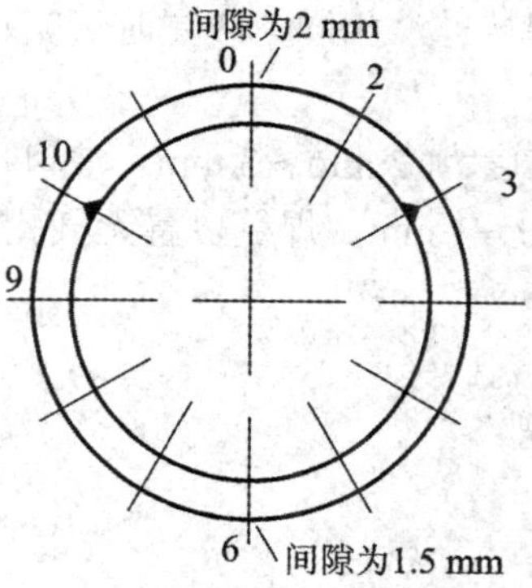

图 4-36　定位焊示意图

(2) 先对焊接区预热，当温度达到 300℃～400℃时，用中性焰对前半圈和后半圈打底层，底层焊在正仰焊位置前 5 mm～10 mm，用火焰内焰移近坡口根部钝边，当出现熔孔时，应迅速将焊丝送入熔孔形成熔池。如此往复进行，焊接如图 4-37 所示，后半周焊接的操作方法与前半周相同，起点与终点都与前半周重叠 10 mm 左右。

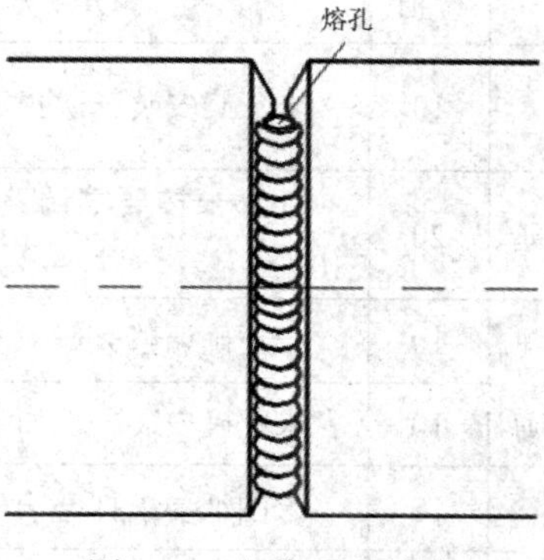

图 4-37　打底层和熔孔

(3) 在焊接过程中经仰、立、平焊接位置，焊嘴与管件的角度在不断变化，如图 4-38 所示，焊接时焊炬只作上下摆动。

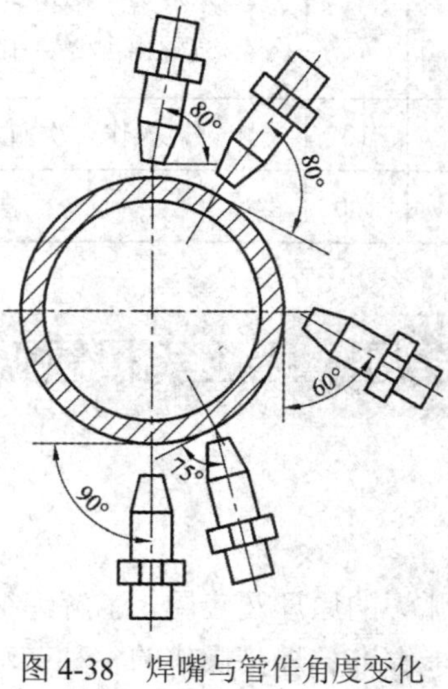

图 4-38　焊嘴与管件角度变化

(4) 盖面层焊接和打底层焊接方法相同，收尾时可略提起焊炬，用外焰保护熔池，同时加适量焊丝，缓慢离开熔池。

(5) 检验。检查气割坡口宽度为 2 mm～3 mm，坡口尺寸误差为 1 mm～3 mm；检查焊缝高度为 0～2 mm，宽度为 0～1 mm，焊缝位置无气孔、夹渣。

四、注意事项

(1) 严格遵守安全操作规程。

(2) 注意工艺参数的选择。

五、实训考核

根据完成实训的综合情况进行考核，考核项目及评分方法如表 4-13 所示。

表 4-13　实训考核表

班级		姓名		扣分记录	得分
项目	考核要求	分值	评分细则		
焊接参数调整	割炬与焊炬安装正确	10	未正确安装一次扣 5 分		
	焊接气管调整合理	20	气管未按要求调整错误一次扣 10 分		
	焊接火焰调整合理	10	未正确调整火焰一次扣 10 分		
气割与焊接质量	焊接母材安装正确	10	未正确安装一次扣 10 分		
	焊缝打磨质量	10	未图纸要求打磨一处扣 5 分		
	气割与气焊质量	30	1. 气割坡口不正确一处扣 5 分； 2. 气焊出现裂纹一处扣 2 分； 3. 未焊透一处扣 2 分； 4. 气焊出现烧穿扣 10 分		
安全、文明生产规范		10	未规范操作一次扣 10 分		
总　分		100	总得分		

任务四　手工钨极氩弧焊

任务目标

能够正确描述手工钨极氩弧焊的原理及应用，了解焊接设备和工具的作用，能正确制定薄板对接平焊的焊接工艺；能够准备焊接操作的各种劳动保护。

知识链接

一、手工钨极氩弧焊原理、特点及应用

手工钨极氩弧焊是用钨棒作电极，利用从喷嘴流出的氩气在电弧及焊接熔池周围形成连续封闭的气流，保护钨极、焊丝和焊接熔池不被氧化的一种手工操作的气体保护氩弧焊。其焊接原理如图 4-39 所示。

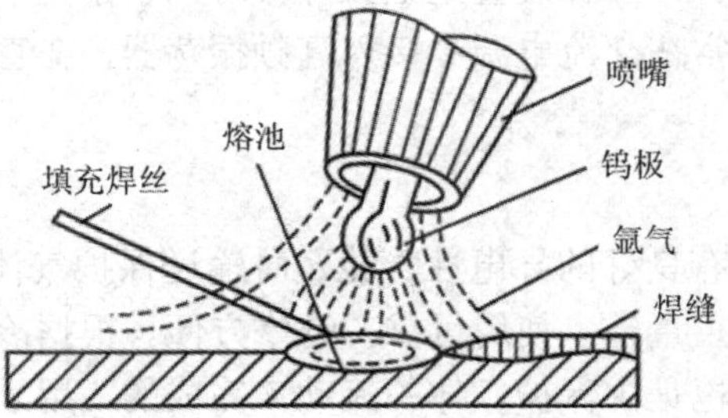

图 4-39　手工钨极氩弧焊原理图

钨极氩弧焊广泛地应用于国防、化工、机械等工业部门，具有如下特点：

(1) 氩气保护性能优良，能获得较为纯净及质量高的焊缝。

(2) 热影响区很窄，焊接变形与应力较小，所以焊件变形小。

(3) 容易实现焊接过程的机械化和自动化，在一定条件下可进行各种空间位置的焊接。

(4) 可焊的材料范围很广，可焊接有色金属、不锈钢，0.5 mm～6 mm 的薄板，薄壁管对接焊等。

二、手工钨极氩弧焊设备

手工钨极氩弧焊由焊接电源、控制系统、焊枪、供气系统、冷却系统等组成，如图 4-40 所示。

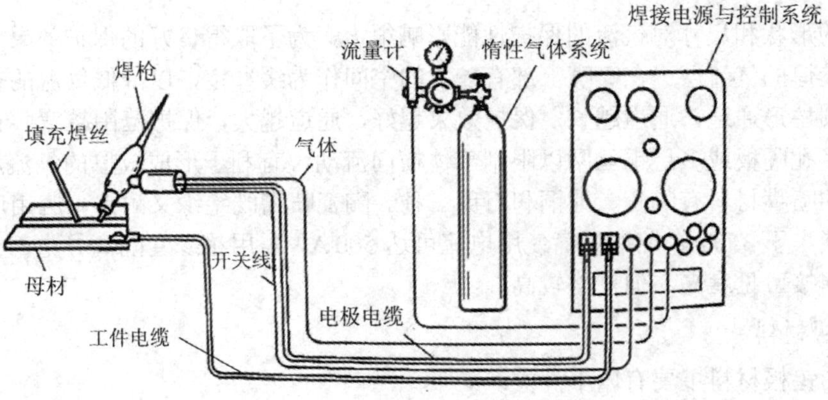

图 4-40　手工钨极氩弧焊组成

1. 焊接电源

焊接电源有直流、交流或直流交流两用三种电源形式。电源具有陡降或垂直下降外特性。目前广泛使用的是交直流氩弧焊机，如交直流焊机 WSE5-315：输入电压为 380 V，空载电压为 80 V，额定焊接电流为 315 A，焊接电流调节范围为 30 A～315 A，负载持续率为 35%，钨极直径ϕ1 mm～ϕ6 mm，氩气流量为 25 L/min，配用焊枪 PQ1-150、PQ1-350。

2. 控制系统

控制系统由控制箱和引弧装置组成，控制箱主要是焊接时的提前送气、滞后停气、引弧、电流通断、电流衰减等。引弧装置是氩弧焊接时，由于氩气的电离电位较高，不易被电离，造成引弧困难，通常在交流电源中接入高频振荡器，在直流电源中接入脉冲引弧器装置解决引弧困难。

3. 焊枪

焊枪能夹持钨极，具有良好的导电性，能及时输送保护气体，具有良好的冷却性能，适用范围广，结构简单，重量轻，使用可靠，维修方便。根据冷却方式不同，焊枪分为气冷式和水冷式。气冷式焊枪是由保护气体的流动来完成的，用于电流小于 100 A 的小电流焊接，水冷式用于电流大于 100 A 的大电流焊接。气冷式焊枪如图 4-41 所示。

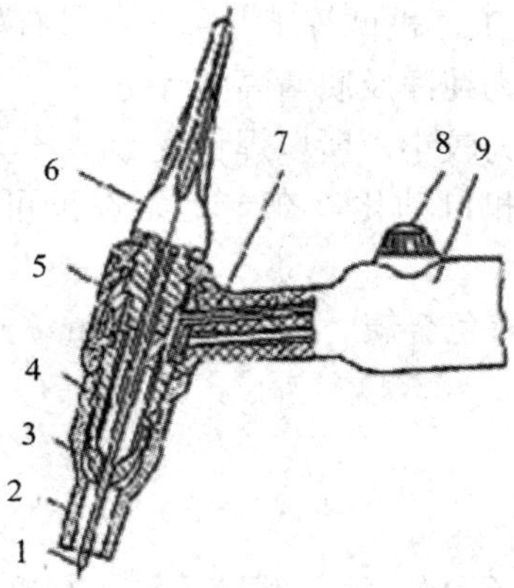

1—钨极；
2—陶瓷喷嘴；
3—导气套筒；
4—电极夹头；
5—枪体；
6—电极帽；
7—导气管；
8—控制开关；
9—焊枪手柄

图 4-41　氩弧焊气冷式焊枪

4. 喷嘴

喷嘴的形状和尺寸对气流的保护性能影响很大，为了取得良好的保护效果，通常使出口处获得较厚的气流层。在喷嘴上部有较大的空间作为缓冲室，以降低气流的初速度；喷嘴下部为圆柱形通道，通道越长，保护效果越好，通道越大，保护范围越宽。有时在气流通道中加多孔隔板或多层铜丝网以限制气体横向流动，有利于形成较厚的气流层。

常用的喷嘴材料有陶瓷、纯铜和石英三种。陶瓷喷嘴既绝缘又耐热，应用广泛，但焊接电流不能大于 350 A；纯铜喷嘴使用电流可达 500 A，需用绝缘套隔离导电部分；石英喷嘴透明，焊接可见度高，但价格较高。

5. 钨极材料

常用的钨极材料主要有以下几类：

(1) 纯钨：应用最早，适用于交流焊接，综合性能欠佳。

(2) 钍钨：传统电极，综合性能较好，国外多用，有放射性。

(3) 铈钨：在低电流下有优良的起弧性能，维弧电流较小，常用于管道、不锈钢制品和细小精致部件的焊接。放射性剂量极低，在直流小电流时，是钍钨电极的首选替代品。

(4) 镧钨：焊接性能优良，耐用电流高而烧损率低；导电性能接近于2%钍钨；无论交直流，无需改变任何焊接操作程序就能方便地使用这种钨极，以免受放射性危害。

(5) 锆钨：在交流条件下，焊接性能良好，尤其在高负载电流时，电极端部能保持圆球状而减少渗钨现象，并有良好的抗腐蚀性。

(6) 钇钨：焊接时弧束细长，压缩程度大，在中、大电流时其熔深最大。目前主要用于军事工业和航空航天工业。

6. 供气系统

供气系统由氩气瓶、减压阀、流量计、电磁气阀、软气管和焊枪组成，如图4-42所示。减压阀将高压气瓶中的气体压力降至焊接所要求的气压，流量计用于调节和标示气体流量大小，电磁气阀用于控制气流的通断。

氩气瓶与氧气瓶一样，其容量为40 L，压力为15.2 MPa，气瓶外涂灰色，并标有“氩气”字样；减压阀和流量计常组合配套使用，电磁气阀有交流和直流两种，通常采用6 V、110 V交流电磁气阀或24 V、36 V直流电磁气阀。

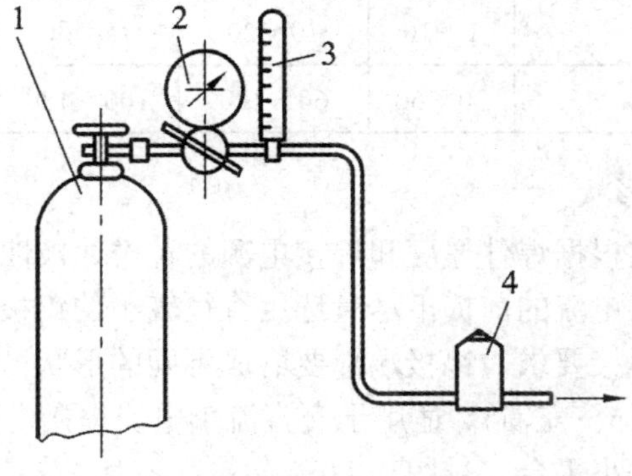

1—高压氩气瓶；2—减压阀；3—流量计；4—电磁气阀

图4-42　供气系统

7. 冷却系统

用水冷式焊枪时，需要冷却水供应系统。为了保证焊接设备的使用安全，在水路中串接水压开关，保证冷却水接通并达到一定压力后再启动氩弧焊机。

三、焊接工艺参数

焊接工艺参数主要包括焊接电流和极性、钨极直径和端部形状、焊接速度、电弧长度、氩气流量、喷嘴直径、喷嘴到焊件的距离及钨极伸出长度。

1. 焊接电流和极性

电流种类和极性根据焊件的材料来选择，不同的材料对钨极氩弧焊机电源种类和极性的选用如表4-14所示。

表 4-14　不同材料对钨极氩弧焊机电源种类和极性的选用

电源种类和极性	焊接金属材料
直流正接	低合金钢、不锈钢、耐热钢、铜、钛及其合金
直流反接	铝及其合金
交流电源	铝、镁及其合金

焊接电流大小可通过观察电弧情况来判断是否合适：当焊接电流正常时，电弧稳定且焊缝成形良好；当焊接电流过小时，电弧会在端部不规则飘移，电弧不稳定破坏了保护区，熔池被氧化；当焊接电流过大时，钨极端部很亮，易使端部过热甚至熔化，保护效果差，并且熔化的钨极落在焊接熔池中会形成夹钨等缺陷。不同电源极性和不同直径钨极的电流选用如表 4-15 所示。

表 4-15　不同电源极性和不同直径钨极的电流选用

电流范围/A　钨极直径/mm 电源极性	1	1.6	2.4	3.2	4.0
直流正接	15～80	70～150	150～250	250～400	400～500
直流反接	1～10	10～20	15～30	25～40	40～55
交流电源	20～60	60～120	100～180	160～250	200～320

2. 钨极直径和端部形状

钨极直径和端部形状根据焊件厚度和焊接电源的种类、极性及电流大小来选择，在保证钨极许用电流大于焊接电流的前提下尽量选用直径较小的钨极。

为适应不同场合的焊接要求，钨极端部要磨成不同的形状，如图 4-43 所示。

(1) 尖锥状(通常为 15° 左右)：适用于交直流小电流焊接，尖锥状的电极为防止尖端烧损，可把尖端磨成一个小平台，见图 4-43(a)。

(2) 锐角(通常为 30°～60°)尖锥状：适用于小直径钨极、小电流焊接场合，见图 4-43(b)。

(3) 钝角尖锥状(通常≥90°)：适用于大直径钨极、直流正接焊接场合，见图 4-43(c)。

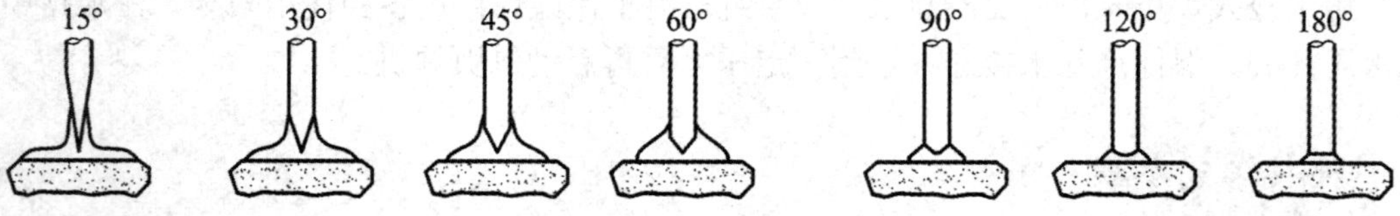

图 4-43　电极形状

3. 焊接速度

焊接速度根据焊接接头形状来选择，焊接速度对钨极和焊接熔池的保护效果如图 4-44 所示。

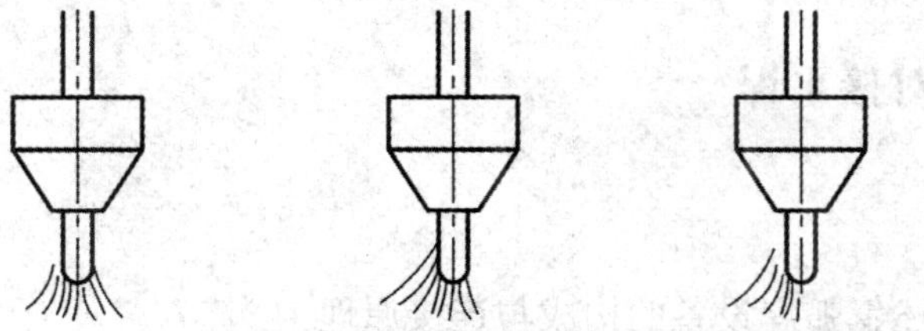

图 4-44　焊接速度的保护效果

4. 电弧长度

根据焊缝形状、材料厚度和表面氧化情况等因素来选择电弧长度，以保证热量集中、电弧稳定、焊透均匀及焊接变形小等要求。随着被焊材料厚度增加，电弧长度可适当增加。

5. 氩气流量

随着焊接速度和电弧长度的增加，氩气流量也要相应增加。在使用时选择孔径为 ϕ12 mm～ϕ20 mm 的喷嘴，氩气流量范围为(8～16)L/min。

6. 喷嘴直径

喷嘴直径根据焊件厚度和焊接电流大小来选择，增加喷嘴直径，气体流量也要相应增加，才能使保护区扩大，以提高保护效果。喷嘴直径一般以 ϕ10～ϕ16 mm 为宜。

7. 喷嘴到焊件的距离

喷嘴到焊件的距离一般为 8 mm～12 mm。喷嘴到焊件的距离是否合适，可通过测定氩气有效保护区域的直径来判断。测定方法是采用交流电源在铝板上引燃电弧后，焊枪固定不动，电弧燃烧 5 s～6 s 后，切断电流，这时铝板上留下银白色圆圈层，如图 4-45 所示。内圈为熔池，外圈层铝板表面光亮清洁，这就是氩气有效保护区域，其直径越大，保护效果越好。

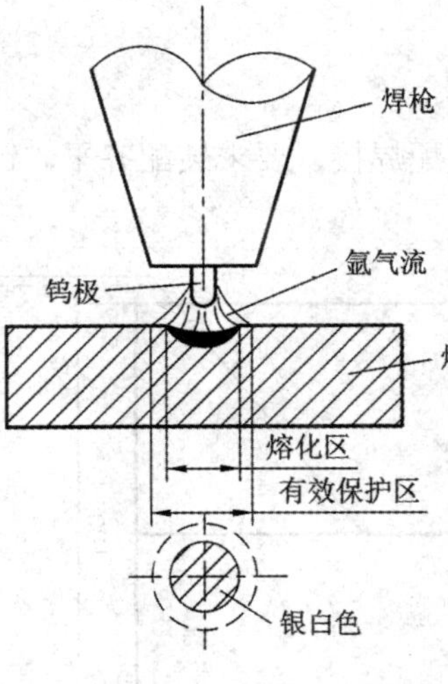

图 4-45　氩气有效保护区域

8. 钨极伸出长度

钨极伸出长度须保持适当。对接焊时，钨极伸出长度一般保持在 5 mm～6 mm，焊接 T 形接头时，钨极伸出长度最好保持在 7 mm～8 mm。

技能训练　薄板对接平焊

一、实训目的

(1) 能够正确描述氩弧焊设备的构成与连接原理。
(2) 能够正确描述各种氩弧焊设备和工具的作用。
(3) 能够正确选用焊接设备及焊接工具。
(4) 能够根据实际问题制订正确的焊接工艺。

二、实训器材

实训器材要求如表 4-16 所示。

表 4-16　实训器材清单

实 训 器 材	数 量
氩弧焊机	1 套
敲渣锤和钢丝刷	1 套
角向磨光机	1 台
扁铲	1 把
焊接母材 1Cr18Ni9Ti 100 mm × 50 mm × 2 mm	2 块
焊工劳保用品	1 套

三、实训操作

1. 实训零件

完成如图 4-46 所示的零件装配焊接，要求装配齐平，钝边自定，单面焊双面成形。

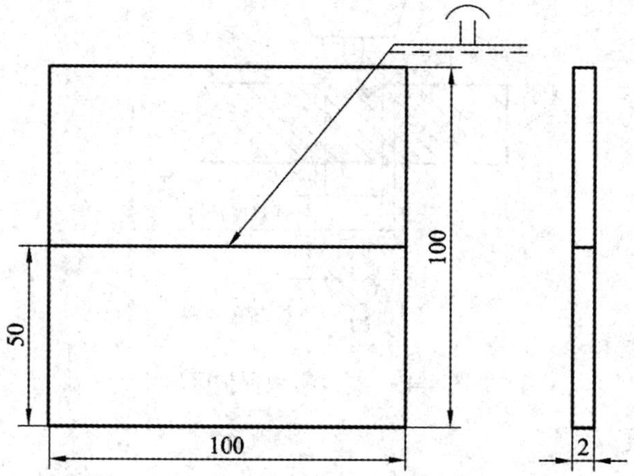

图 4-46　焊件装配

2. 焊接前的准备

(1) 校平，清理待焊处，使其呈现金属光泽。

(2) 装配齐平。

(3) 焊接工艺参数设定。

焊丝牌号为1Cr18Ni9Ti，焊丝直径ϕ2 mm，焊接电流70 A～90 A，氩气流量(7～8) L/min。

3. 焊接操作步骤

(1) 装配定位焊。始端间隙为0.5 mm，终端间隙为2 mm；定位焊使用焊丝与正式焊接时使用的焊丝相同，定位焊的位置在焊件正面距两端5 mm～10 mm处，交叉定位，定位焊相距10 mm左右。

(2) 采用左焊法进行焊接，如图4-47所示，焊枪从右向左移动，电弧指向未焊方向，焊丝位于电弧前面。这种方法操作者容易观察和控制熔池温度，容易操作，焊缝成形好。

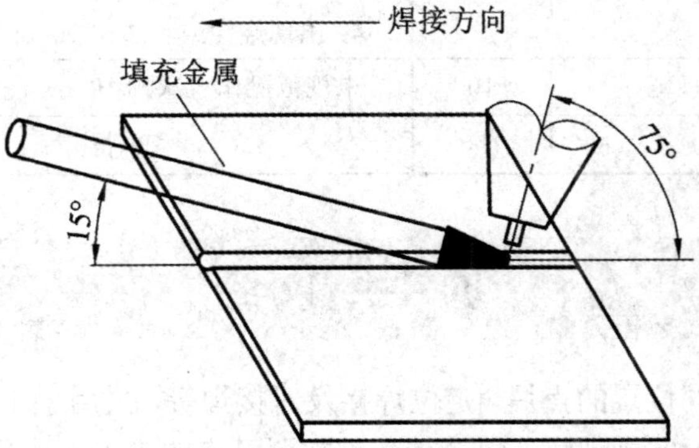

图4-47　焊接图

焊接时最好一次完成，如果更换焊丝或磨削钨极需停弧而出现接头时，要在重叠焊缝5 mm～10 mm处引弧，焊接时保证焊缝宽窄一致。

(3) 收弧时采用焊缝增高法，此时焊速减慢，焊枪向后倾斜增大倾角，多加焊丝填满熔池，然后缓慢提高电弧。

4. 检验

检查正面焊缝高度为0～2 mm，背面焊缝高度为0～1 mm，焊缝位置无气孔、夹渣。

四、注意事项

(1) 严格遵守安全操作规程。

(2) 注意工艺参数的选择。

五、实训考核

根据完成实训的综合情况进行考核，考核项目及评分方法如表4-17所示。

表 4-17　实 训 考 核 表

班级		姓名		扣分记录	得分
项目	考核要求	分值	评分细则		
焊接参数调整	开机顺序正确	10	开机错误一次扣 5 分		
	焊接电流调整合理	20	电流调整错误一次扣 5 分		
焊接质量	搭铁及焊条安装正确	10	未正确安装一次扣 10 分		
	焊接母材安装正确	10	未正确安装一次扣 10 分		
	焊缝打磨质量	10	未图纸要求打磨一处扣 5 分		
	焊接质量检验	30	1. 出现气孔或夹渣一处扣 2 分； 2. 出现裂纹一处扣 2 分； 3. 未焊透一处扣 2 分； 4. 出现烧穿或咬边扣 10 分		
安全、文明操作规范		10	未规范操作一次扣 10 分		
总　分		100	总得分		

项 目 小 结

焊接项目包含不同位置的点焊、定位焊接及对接焊等，采用手工电弧焊、气割与气焊、手工氩弧焊等方法进行实操训练。每个任务都按照真实的焊工工作环境进行设计，学生经过焊接项目的训练，能够掌握焊工基本知识，遵守相应安全操作规程独立完成交流电弧焊机、气割与气焊和手工钨极氩弧焊的操作。

思 考 与 练 习

一、简答题

(1) 手工电弧焊设备有哪几种？其焊接电流是如何调节的？

(2) 手工电弧焊焊条牌号、规格及焊接电流大小选择的依据是什么？

(3) 电弧焊焊接薄板材时应注意哪些事项？

(4) 焊接时熔池为什么要进行保护？焊条药皮、气焊熔剂、氩气各有何作用？

(5) 焊接电弧产生偏吹的原因有哪些？

(6) 手工电弧焊的引弧方法有哪些？如何正确操作？在焊接中，应尽量使用哪种方法？

(7) 薄板焊接应注意哪些事项？

(8) 对接立焊有哪两种操作方法？向下立焊的操作要领是什么？
(9) 仰焊操作时，应特别注意哪些安全操作事项？

二、技能训练操作

1. 板-板对接立焊。

技术要求：

(1) 利用手工电弧焊完成如图 4-48 所示 V 型坡口板对接立焊。
(2) 焊缝不得有气孔、夹渣、塌陷、未焊透等缺陷。
(3) 焊后零件不得有翘曲变形。
(4) 焊后手工打磨焊缝外观。

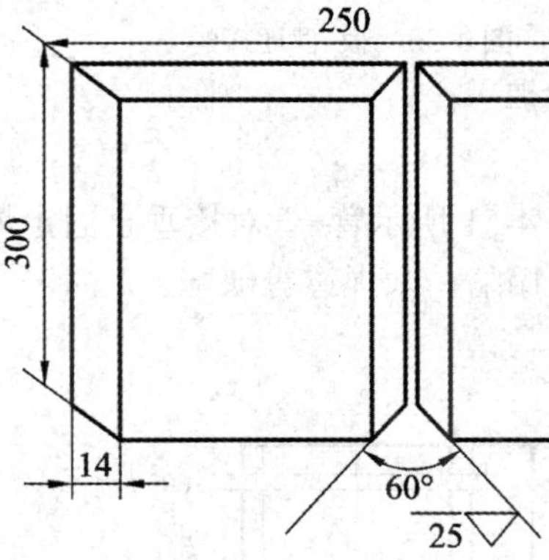

图 4-48　V 型坡口板对接立焊

2. 管-管对接横焊。

技术要求：

(1) 利用手工电弧焊完成如图 4-49 所示管连接横焊。
(2) 焊缝不得有气孔、夹渣、塌陷、未焊透等缺陷。
(3) 焊后零件不得有翘曲变形。
(4) 焊后手工打磨焊缝外观。

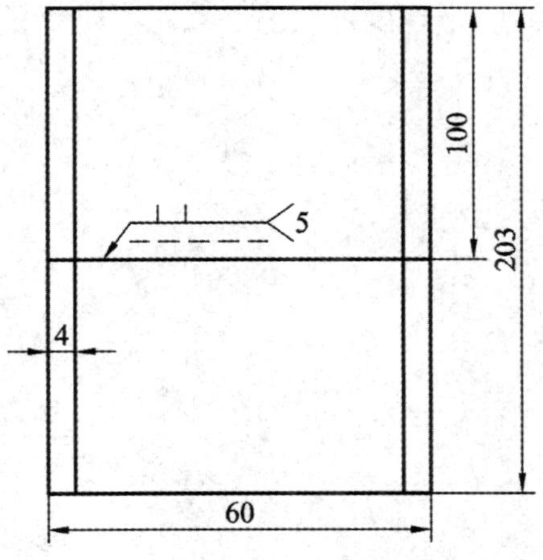

图 4-49　管连接横焊

3. 板-管 T 形接垂直俯位焊(插入式)。

技术要求：

(1) 利用手工氩弧焊完成如图 4-50 所示板-管连接焊。

(2) 焊缝不得有气孔、夹渣、塌陷、未焊透等缺陷。

(3) 焊后零件不得有翘曲变形。

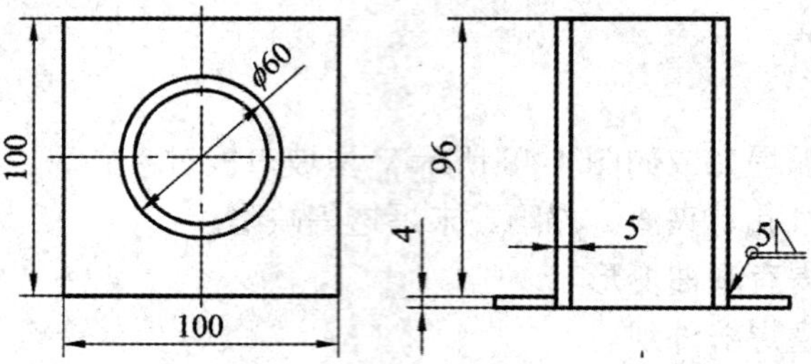

图 4-50　板-管连接焊

4. 小直径管-管对接垂直固定焊。

技术要求：

(1) 利用手工氩弧焊完成如图 4-51 所示管-管对接垂直固定焊。

(2) 焊缝不得有气孔、夹渣、塌陷、未焊透等缺陷。

(3) 焊后零件不得有翘曲变形。

(4) 焊后手工打磨焊缝外观。

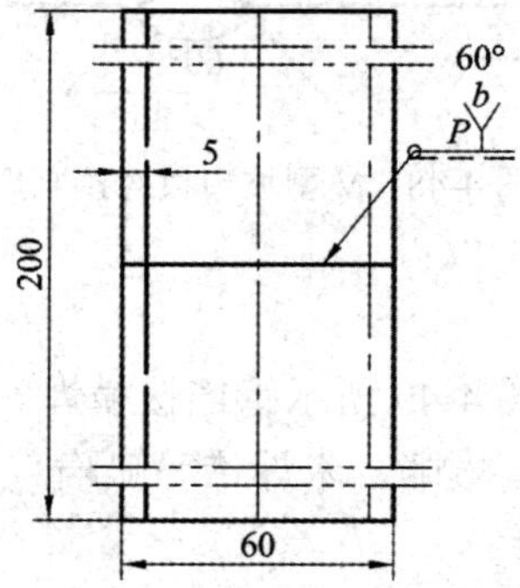

图 4-51　管-管对接垂直固定焊

实训项目五　磨 削 加 工

项目分析

磨削加工是机械制造中最常用的加工方法之一，它的应用范围很广，可以磨削普通材料和一般刀具难以切削的高硬、超硬材料，可以磨削外圆、内孔、平面、螺纹、花键、齿轮、导轨和成形面等各种表面。

本项目需要完成以下任务：

(1) 磨削外圆。

(2) 磨削平面。

知识目标

(1) 了解磨床的用途、型号、规格及主要组成部分。

(2) 了解磨床常用工具、量具以及磨床主要附件的结构及应用。

(3) 了解磨工的安全操作规程。

能力目标

(1) 掌握平面磨床的操作方法。

(2) 掌握外圆磨床的操作方法。

(3) 掌握砂轮的安装与修整方法。

任务一　外 圆 磨 削

任务目标

(1) 学习外圆磨床操作规程和磨床的组成。

(2) 掌握外圆磨削方法与操作。

知识链接

一、外圆磨床安全操作规程

(1) 操作者应熟悉磨床的性能、结构等，并遵守安全操作相关制度。

(2) 操作者必须根据使用说明书的要求，熟记各润滑部位、润滑方法及润滑油的种类、牌号，按磨床润滑图表的规定进行给油保养。

(3) 启动磨床前，应按规定穿戴好防护用品，对磨床各部位进行详细检查，发现问题应及时报告，异常状况未经排除不得开车工作。

(4) 启动前应对下列部位进行检查：

① 防护罩和砂轮要装卡牢固，位置正确，防尘毡垫良好。

② 检查电气系统(电动机、配电箱、安全灯、导线、接地线)是否良好，无短路，周围环境应清洁。

③ 接通总电源，依次启动油泵、电机，注意运转状态，发现异常时应立即关闭电源，经检查处理后方准启动。

④ 安装砂轮前应防止砂轮受潮，砂轮应做静平衡试验，严禁砂轮有裂纹。

⑤ 安装砂轮时，必须在砂轮和压板间垫 0.5 mm～1.0 mm 的垫片，并用专用扳手均匀用力紧固，不许用加长管子紧固，以免使砂轮胀裂。

⑥ 砂轮装好后应空载运转五分钟，操作者应站在砂轮的侧面，确认砂轮运转正常后，方准使用。

(5) 装卡和测量工件时，必须使砂轮退离工件并停车。工件与砂轮未离开时，不得中途停车。砂轮在接近工件时，不准用机动进给。

(6) 工作时禁止操作者离开磨床。如因停电或其他原因必须离开时，应将砂轮离开工件后停车。重新开动磨床时，应确认各部件无异常后方准开车。

(7) 磨床工作时，应注意各传动部分状态，如油温和油压是否正常；冷却液是否畅通准确地浇到工件上；油泵与电机的温度是否正常，是否有异常状况、异音，各操作手柄是否位置正确，各紧固件是否松动、移位等。

(8) 禁止在工作台面与油漆表面放置金属物品。

(9) 禁止在工作台面及床体上敲打、拆装、矫直工件。

(10) 磨床发生事故后，应保持现场，切断电源，迅速报告，妥善处理。

(11) 工作完毕后，应将砂轮退离工件，切断总电源，各手柄放置在空位上。恢复磨床正常状态，做好日常保养。

二、外圆磨床的组成

图 5-1 所示为万能外圆磨床外形，是目前应用最普遍的一种外圆磨床，它的工艺范围较宽，包括磨削内外圆柱面、内外圆锥面、阶梯轴的轴肩和端面、圆角等。其主要组成部分如下。

1. 床身

床身用于支承和连接磨床各个部件，内部装有液压传动装置及操纵机构。

2. 工作台

工作台由上下两部分组成，上工作台可相对于下工作台偏转一定角度，便于磨削锥面；下工作台可通过液压驱动工作台做往复运动。

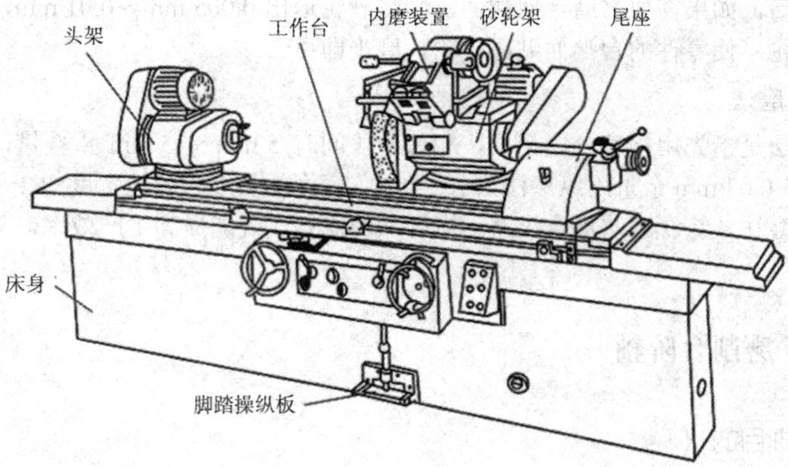

图 5-1　万能外圆磨床外形图

3. 砂轮架

砂轮架上安装砂轮，由单独的电动机驱动，砂轮架安装在床身的横向导轨上，可通过手动或液压传动实现横向进给。

4. 头架

头架用于安装工件，其主轴由电机经变速机构带动作旋转运动，以实现进给。主轴前端可安装卡盘或顶尖。

5. 尾座

尾座安装在工作台右端，尾座套筒内装有顶尖，可与主轴顶尖一起支承工件。

三、外圆磨削方法

外圆磨削是一种基本的磨削方法，它适于轴类及外圆锥零件的外表面磨削。在外圆磨床上磨削外圆常用的方法有纵磨法、横磨法和综合磨法三种。

1. 纵磨法

纵磨削时，砂轮高速旋转起切削作用(主运动)，零件转动(圆周进给)并与工作台一起作往复直线运动(纵向进给)，当每一纵向行程或往复行程终了时，砂轮作周期性横向进给(背吃刀量)。每次背吃刀量很小，磨削余量是在多次往复行程中磨去的。当零件加工到接近最终尺寸时，采用无横向进给的几次光磨行程，直至火花消失为止，以提高零件的加工精度。纵向磨削的特点是具有较大适应性，一个砂轮可磨削长度不同直径不等的各种零件，且加工质量好，但磨削效率较低。目前生产中，单件、小批生产以及精磨时广泛采用这种方法，尤其适用于细长轴的磨削。

2. 横磨法

横磨削时，采用砂轮的宽度大于零件表面的长度，零件无纵向进给运动，而砂轮以很慢的速度连续地或断续地向零件作横向进给，直至余量被全部磨掉为止。横磨的特点是生产率高，但精度及表面质量较低。该法适于磨削长度较短、刚性较好的零件。当零件磨到所需的尺寸后，如果需要靠磨台肩端面，则将砂轮退出 0.005 mm～0.01 mm，手摇工作台纵向移动手轮，使零件的台端面贴靠砂轮，磨平即可。

3. 综合磨法

综合磨法是指先用横磨分段粗磨，相邻两段间有 5 mm～15 mm 重叠量，然后将留下的 0.01 mm～0.03 mm 余量用纵磨法磨去。当加工表面的长度为砂轮宽度的 2～3 倍以上时，可采用综合磨法。综合磨法集合纵磨、横磨法的优点，既能提高生产效率，又能提高磨削质量。

技能训练　磨削台阶轴

一、实训目的

(1) 掌握轴零件磨削工艺准备。
(2) 掌握工件磨削步骤及注意事项。

二、实训器材

实训器材要求见表 5-1 所示。

表 5-1　实训器材清单

实 训 器 材	数 量
外圆磨床	1 台
台阶轴零件	1 件
千分尺	1 把

三、实训操作

1. 实训零件

实训零件台阶轴如图 5-2 所示。

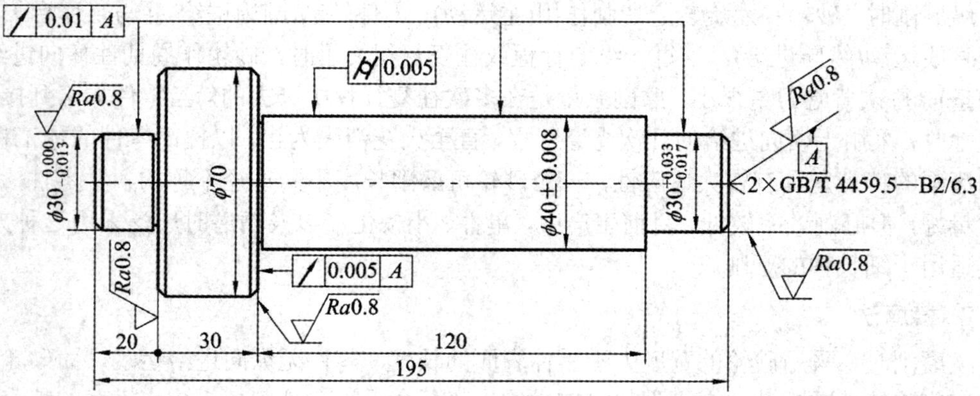

图 5-2　台阶轴

2. 磨削步骤

(1) 磨ϕ40 ± 0.008 mm 外圆。找正工作台，保证圆柱度误差在 0.005 mm 以内，留精磨余量 0.05 mm。

(2) 粗磨ϕ30 两外圆，留精磨余量 0.05 mm。

(3) 精细修整砂轮。

(4) 用纵磨法精磨ϕ40 ± 0.008 mm 至尺寸，磨台阶面，保证端面的圆跳动 0.005 mm。

(5) 用横磨法精磨右端ϕ30 至尺寸

(6) 掉头，用横磨法精磨左端ϕ30 至尺寸，磨台阶面至技术要求。

四、注意事项

(1) 先用纵磨法磨长度最长的外圆，以便找正工作台，使工件的圆柱度达到公差要求。

(2) 用纵磨法磨削台阶旁外圆时，需细心调整工作台行程，使砂轮机不撞到台阶面上。

(3) 磨削时注意砂轮横向进给手柄刻度位置，防止砂轮与工件碰撞。

(4) 砂轮端面的边缘要修平整。磨台阶面时，切削液要充分，适当增加光磨时间。

五、实训考核

根据完成实训的综合情况进行考核，考核项目及评分方法如表 5-2 所示。

表 5-2　实 训 考 核 表

班级		姓名		扣分记录	得分
项目	考核要求	分值	评分细则		
工作台找正	按操作规程	10	未找正工作台扣 10 分		
各尺寸磨削	ϕ40、ϕ30 两处的尺寸精度控制	60	1. 违规操作一处扣 10 分； 2. 各尺寸超差 0.001 扣 5 分		
现场整理	职业素养和现场整理	30	未按要求操作一次扣 5 分		
总 分		100	总得分		

任务二　平 面 磨 削

任务目标

(1) 掌握磨削平行平面的工作步骤。

(2) 掌握平面磨削的方法。

(3) 典型平面的磨削及工艺分析。

知识链接

平面磨床用来磨削工件的平面，磨削时工件随工作台纵向直线往复运动，磨头作横向间歇运动。平面磨床安全操作规程按外圆磨床操作规程执行。

一、磨削平行平面的步骤

在卧轴矩台平面磨床上磨削工件上相互平行的两个平面，其工作步骤如下。

(1) 检查毛坯余量。

(2) 擦净电磁吸盘台面，用锉刀或油石等清除毛坯定位基准面上的毛刺，把工件按顺序排列在电磁吸盘上，并通电将工件吸紧固。

(3) 横向移动磨头和纵向移动工作台，使砂轮机处于工件上方，再用手摇动磨头垂直下降，使砂轮圆周面的最低点距离工件表面 0.5 mm～1 mm，然后调整工作台换向行程撞块，使其行程略大于工件加工平面。

(4) 精磨平面。开动机床使砂轮旋转，工作台作往复运动。横向进给量取砂轮宽度的0.2～0.4，垂直进给量取 0.02 mm～0.05 mm。

(5) 修整砂轮。把工作台移到行程一端后停止，利用装在磨头或工作台上的修整器修整砂轮。

(6) 精磨平面。修整好的砂轮对工件平面进行精磨，横向进给量取砂轮宽度的0.05～0.1，垂直进给量取 0.005 mm～0.015 mm。垂直进给停止后，需重复磨 1～2 遍，直到火花基本消失。

二、平面磨削方法

平面磨削分为周磨法和端磨法两种。周磨法是利用砂轮的外圆面进行磨削，卧轴的平面磨床属于这种形式；端磨法则利用砂轮的端面进行磨削，立轴的平面磨床属于这种形式。

1. 周磨法

周磨法砂轮与工件接触面小，散热、冷却和排屑好，加工质量高，适合磨削易翘曲变形的薄长件，能获得较好的加工质量，但磨削效率较低。

2. 端磨法

端磨法砂轮轴伸出的长度较短，刚性好，允许采用较大的磨削用量，故生产率较高，但砂轮与工件接触面积较大，磨削热量多，冷却排屑困难，加工质量比周磨法低。

技能训练　磨削垫块

一、实训目的

(1) 掌握平行平面零件磨削工艺准备。

(2) 掌握工件磨削步骤及注意事项。

二、实训器材

实训器材要求如表 5-3 所示。

表 5-3　实训器材清单

实 训 器 材	数 量
平面磨床	1 台
垫块零件	1 件
千分尺	1 把

三、实训操作

1. 实训零件

实训零件垫块如图 5-3 所示。

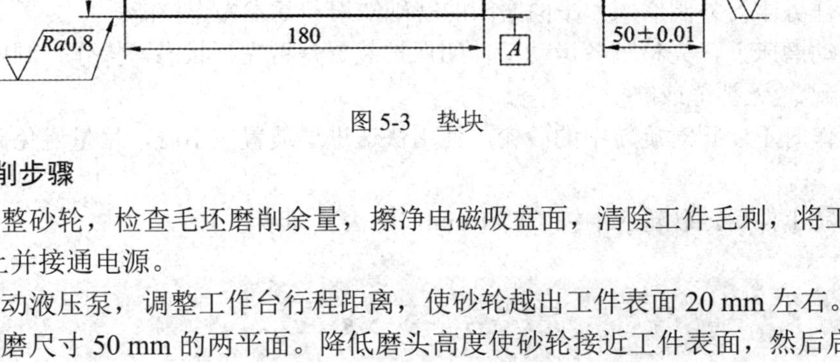

图 5-3　垫块

2. 磨削步骤

(1) 修整砂轮，检查毛坯磨削余量，擦净电磁吸盘面，清除工件毛刺，将工件装夹在电磁吸盘上并接通电源。

(2) 启动液压泵，调整工作台行程距离，使砂轮越出工件表面 20 mm 左右。

(3) 先磨尺寸 50 mm 的两平面。降低磨头高度使砂轮接近工件表面，然后启动砂轮作垂向进给，在工件尺寸较大处进给，用横磨法粗磨平面，磨平即可。

(4) 翻面装夹，粗磨另一面，留 0.06 mm～0.08 mm 精磨余量，保证平行度误差小于 0.015 mm。

(5) 精修整砂轮，精磨平面，表面粗糙度在 *Ra*0.8 以内，保证另一面磨削余量为 0.04～0.06 mm。

(6) 翻面装夹，精磨另一面，保证厚度尺寸为 50 mm 在公差范围内，平行度误差不大于 0.015 mm，表面粗糙度值在 *Ra*0.8 以内。

(7) 重复上述步骤，磨削尺寸 100 mm 的两面至图纸要求。

四、实训考核

根据完成实训的综合情况进行考核，考核项目及评分方法如表 5-4 所示。

表 5-4　实 训 考 核 表

班级		姓名		扣分记录	得分
项目	考 核 要 求	分值	评 分 细 则		
磨削前准备工作	按操作规程	10	违规操作一次扣 2 分		
各尺寸磨削	180、100、50 尺寸的精度控制	60	1. 违规操作一处扣 10 分； 2. 各尺寸超差 0.001 扣 5 分		
现场整理	职业素养和现场整理(6S 相关内容)	30	未按要求操作一次扣 5 分		
总 分		100	总得分		

项 目 小 结

(1) 本任务学习外圆磨床和平面磨床的基础知识和基本操作技能。

(2) 启动磨床前，先检查各运动部件的保护装置是否完好状态，操作外圆磨床时应找正工作台，砂轮无裂缝或缺损。

(3) 操作时不要正对旋转中的砂轮，使用快速进退装置应小心，尽量避免砂轮直接碰撞工件。

(4) 磨完工件后，砂轮应继续空转 1 min，除去冷却液。

思 考 与 练 习

一、简述题

(1) 磨削加工的特点是什么？

(2) 平面磨削常用的方法有哪几种？各有何特点？如何选用？

(3) 磨内圆与磨外圆相比各有哪些特点？

二、技能训练操作

完成如图 5-4 所示套筒零件的磨削(磨工中级职业资格证考试题)。

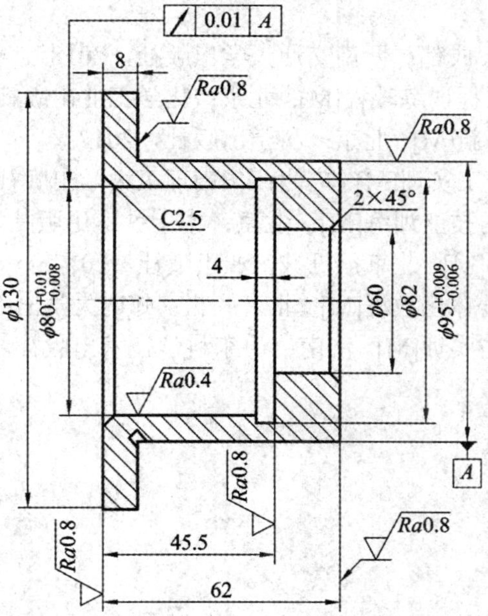

图 5-4 套筒

参 考 文 献

[1] 刘军. 工程训练[M]. 成都：西南交通大学出版社，2018.
[2] 赵忠魁，张元彬. 工程训练教程[M]. 北京：化学工业出版社，2014.
[3] 杨钢. 工程训练与创新[M]. 北京：科学出版社，2017.
[4] 徐永礼，田佩林. 金工实训[M]. 广州：华南理工大学出版社，2006.
[5] 孙其刚. 钳工工艺与技能训练[M]. 北京：中国铁道出版社，2015.
[6] 薛源顺. 磨工(中级)[M]. 北京：机械工业出版社，2012.
[7] 郭建平. 车工技术一体化教程[M]. 北京：北京邮电大学出版社，2014.
[8] 温希忠. 钳工工艺与实训[M]. 济南：山东科学技术出版社，2009.